探七秩风雨 奏钱潮强音

新中国气象事业 70周年·浙江卷

浙江省气象局

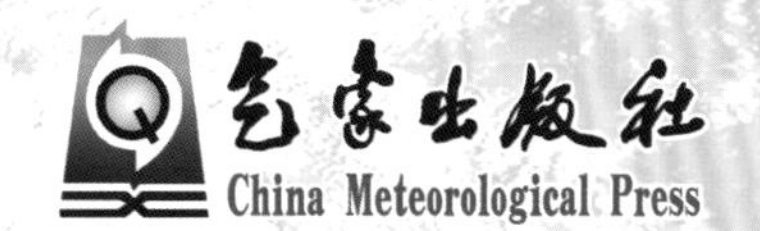

图书在版编目（CIP）数据

新中国气象事业70周年. 浙江卷 / 浙江省气象局编著. -- 北京 : 气象出版社, 2020.7
ISBN 978-7-5029-7120-5

Ⅰ. ①新… Ⅱ. ①浙… Ⅲ. ①气象－工作－浙江 Ⅳ. ①P468.255

中国版本图书馆CIP数据核字(2019)第273644号

新中国气象事业70周年·浙江卷
Xinzhongguo Qixiang Shiye Qishi Zhounian · Zhejiang Juan

浙江省气象局　编著

出版发行： 气象出版社
地　　址： 北京市海淀区中关村南大街46号　**邮政编码：** 100081
电　　话： 010-68407112（总编室）　010-68408042（发行部）
网　　址： http://www.qxcbs.com　**E－mail：** qxcbs@cma.gov.cn
策划编辑： 周　露　**终　　审：** 吴晓鹏
责任编辑： 杨泽彬
责任校对： 张硕杰　**责任技编：** 赵相宁
装帧设计： 新光洋（北京）文化传播有限公司
印　　刷： 北京地大彩印有限公司
开　　本： 889 mm×1194 mm 1/16　**印　　张：** 13
字　　数： 332 千字
版　　次： 2020 年7 月第1版　**印　　次：** 2020 年 7 月第 1 次印刷
定　　价： 268.00 元

《新中国气象事业70周年·浙江卷》编委会

主　任： 苗长明
副主任： 王仕星
委　员： 薛根元　周　福　王东法

以下按姓氏笔画排序

丁华君　孔学祥　厉　俊　刘化倜　任鸿翔
何　军　何凤翩　张慧良　袁　军　廖良清

编委办主任： 张慧良

主要编写人员

主　　编： 王仕星
执行主编： 赵小兰
副 主 编： 任鸿翔　何　军
成　　员： 张晓晨　尤佳红　吴　静　刘　洁　张立峰　顾丽华
方若琪　徐超俊　张超燕　叶婉英　陈锦慧

总 序

1949 年 12 月 8 日是载入史册的重要日子。这一天，经中央批准，中央军委气象局正式成立，开启了新中国气象事业的伟大征程。

气象事业始终根植于党和国家发展大局，与国家发展同行共进、同频共振。伴随着国家发展的进程，气象事业从小到大、从弱到强、从落后到先进，走出了一条中国特色社会主义气象发展道路。新中国成立后，我们秉持人民利益至上这一根本宗旨，统筹做好国防和经济建设气象服务。在国家改革开放的大潮中，我们全面加速气象现代化建设，在促进国家经济社会发展和保障改善民生中实现气象事业的跨越式发展。党的十八大以来，我们坚持以习近平新时代中国特色社会主义思想为指导，坚持在贯彻落实党中央决策部署和服务保障国家重大战略中发展气象事业，开启了现代化气象强国建设的新征程。70 年气象事业的生动实践深刻诠释了国运昌则事业兴、事业兴则国家强。

气象事业始终在党中央、国务院的坚强领导和亲切关怀下，与伟大梦想同心同向、逐梦同行。党和国家始终把气象事业作为基础性公益性社会事业，纳入经济社会发展全局统筹部署、同步推进。毛泽东主席关于气象部门要把天气常常告诉老百姓的指示，成为气象工作贯穿始终的根本宗旨。邓小平同志强调气象工作对工农业生产很重要，江泽民同志指出气象现代化是国家现代化的重要标志，胡锦涛同志要求提高气象预测预报、防灾减灾、应对气候变化和开发利用气候资源能力，都为气象事业发展指明了方向，鼓舞着我们奋勇前行。习近平总书记特别指出，气象工作关系生命安全、生产发展、生活富裕、生态良好，要求气象工作者推动气象事业高质量发展，提高气象服务保障能力，为我们以更高的政治站位、更宽的国际视野、更强的使命担当实现更大发展，提供了根本遵循。

在党中央、国务院的坚强领导下，一代代气象人接续奋斗、奋力拼搏，气象事业发生了根本性变化，取得了举世瞩目的成就。

70 年来，我们紧紧围绕国家发展和人民需求，坚持趋利避害并举，建成了世界上保障领域最广、机制最健全、效益最突出的气象服务体系。

面向防灾减灾救灾，我们努力做到了重大灾害性天气不漏报，成功应对了超强台风、特大洪水、低温雨雪冰冻、严重干旱等重大气象灾害，为各级党委政府防灾减灾部署和人民群众避灾赢得了先机。我们建成了多部门共享共用的国家突发事件预警信息发布系统，努力做到重点灾害预警不留盲区，预警信息可在 10 分钟内覆盖 86% 的老百姓，有效解决了“最后一公里”问题，充分发挥了气象防灾减灾第一道防线作用。

面向生态文明建设，我们构建了覆盖多领域的生态文明气象保障服务体系，打造了人工影响天气、气候资源开发利用、气候可行性论证、气候标志认证、卫星遥感应用、大气污染防治保障等服务品牌，开展了三江源、祁连山等重点生态功能区空中云水资源开发利用，完成了国家和区域气候变化评估，组织了四次全国风能资源普查，探索建设了国家气象公园，建立了世界上规模最大的现代化人工影响天气作业体系，人工增雨（雪）覆盖 500 万平方公里，防雹保护达 50 多万平方公里，有力推动了生态修复、环境改善，气象已经成为美丽中国的参与者、守护者、贡献者。

面向经济社会发展，我们主动服务和融入乡村振兴、“一带一路”、军民融合、区域协调发展等国家重大战略，主动服务和融入现代化经济体系建设，大力加强了农业、海洋、交通、自然资源、旅游、能源、健康、金融、保险等领域气象服务，成功保障了新中国成立 70 周年、北京奥运会等重大活动和南水北调、载人航天等重大工程，积极引导了社会资本和社会力量参与气象服务，服务领域已经拓展到上百个行业、覆盖到亿万用户，投入产出比达到 1 ∶ 50，气象服务的经济社会效益显著提升。

面向人民美好生活，我们围绕人民群众衣食住行健康等多元化服务需求，创新气象服务业态和模式，大力发展智慧气象服务，打造“中国天气”服务品牌，气象服务的及时性、准确性大幅提高。气象影视服务覆盖人群超过 10 亿，“两微一端”气象新媒体服务覆盖人群超 6.9 亿，中国天气网日浏览量突破 1 亿人次，全国气象科普教育基地超过 350 家，气象服务公众覆盖率突破 90%，公众满意度保持在 85 分以上，人民群众对气象服务的获得感显著增强。

70 年来，我们始终坚持气象现代化建设不动摇，建成了世界上规模最大、覆盖最全的综合气象观测系统和先进的气象信息系统，建成了无缝隙智能化的气象预报预测系统。

综合气象观测系统达到世界先进水平。气象观测系统从以地面人工观测为主发展到“天—地—空”一体化自动化综合观测。现有地面气象观测站 7 万多个，全国乡镇覆盖率达到 99.6%，数据传输时效从 1 小时提升到 1 分钟。建成了 216 部雷达组成的新一代天气雷达网，数据传输时效从 8 分钟提升到 50 秒。成功发射了 17 颗风云系列气象卫星，7 颗在轨运行，为全球 100 多个国家和地区、国内 2500 多个用户提供服务，风云二号 H 星成为气象服务“一带一路”的主力卫星。建立了生态、环境、农业、海洋、交通、旅游等专业气象监测网，形成了全球最大的综合气象观测网。

气象信息化水平显著增强。物联网、大数据、人工智能等新技术得到深入应用，形成了“云 + 端”的气象信息技术新架构。建成了高速气象网络、海量气象数据库和国产超级计算机系统，每日新增的气象数据量是新中国成立初期的 100 多万倍。新建设的“天镜”系统实现了全业务、全流程、全要素的综合监控。气象数据率先向国内外全面开放共享，中国气象数据网累计用户突破30万，海外注册用户遍布70多个国家，累计访问量超过5.1亿人次。

气象预报业务能力大幅提升。从手工绘制天气图发展到自主创新数值天气预报，从站点预报发展到精细化智能网格预报，从传统单一天气预报发展到面向多领域的影响预报和风险预警，气象预报预测的准确率、提前量、精细化和智能化水平显著提高。全国暴雨预警准确率达到 88%，强对流预警时间提前至 38 分钟，可提前 3 ~ 4 天对台风路径做出较为准确的预报，达到世界先进水平。2017 年中国气象局成为世界气象中心，标志着我国气象现代化整体水平迈入世界先进行列！

70 年来，我们紧跟国家科技发展步伐和世界气象科技发展趋势，大力加强气象科技创新和人才队伍建设，我国气象科技创新由以跟踪为主转向跟跑并跑并存的新阶段。

建立了较为完善的国家气象科技创新体系。我们不断优化气象科技创新功能布局，形成了气象部门科研机构、各级业务单位和国家科研院所、高等院校、军队等跨行业科研力量构成的气象科技创新体系。强化气象科技与业务服务深度融合，大力发展研究型业务。加快核心关键技术攻关，雷达、卫星、数值预报等技术取得重大突破，有力支撑了气象现代化发展。坚持气象科技创新和体制机制创新“双轮驱动”，形成了更具活力的气象科技管理制度和创新环境。气象科技成果获国家自然科学奖 26 项，获国家科技进步奖 67 项。

科技人才队伍建设取得丰硕成果。我们大力实施人才优先战略，加强科技创新团队建设。全国气象领域两院院士35人，气象部门入选“千人计划”“万人计划”等国家人才工程 25 人。气象科学家叶笃正、秦大河、曾庆存先后获得国际气象领域最高奖，叶笃正获国家最高科学技术奖。一系列科技创新成果和一大批科技人才有力支撑了气象现代化建设。

70 年来，我们坚持并完善气象体制机制、不断深化改革开放和管理创新，气象事业从封闭走向开放、从传统走向现代、从部门走向社会、从国内走向全球。

领导管理体制不断巩固完善。坚持并不断完善双重领导、以部门为主的领导管理体制和双重计划财务体制，遵循了气象科学发展的内在规律，实现了气象现代化全国统一规划、统一布局、统一建设、统一管理，形成了中央和地方共同推进气象事业发展、共同建设气象现代化的格局，满足了国家和地方经济社会发展对气象服务的多样化需求。

各项改革不断深化。坚持发展与改革有机结合，协同推进“放管服”改革和气象行政审批制度改革，全面完成国务院防雷减灾体制改革任务，深入推进气象服务体制、业务科技体制、管理体制等改革，初步建立了与国家治理体系和治理能力现代化相适应的业务管理体系和制度体系，为气象事业高质量发展注入强大动力。

开放合作力度不断加大。与近百家单位开展务实合作，形成了省部合作、部门合作、局校合作、局企合作的全方位、宽领域、深层次国内开放合作格局。先后与160多个国家和地区开展了气象科技合作交流，深度参与“一带一路”建设，为广大发展中国家提供气象科技援助，100多位中国专家在世界气象组织、政府间气候变化专门委员会等国际组织中任职，气象全球影响力和话语权显著提升，我国已成为世界气象事业的深度参与者、积极贡献者，为全球应对气候变化和自然灾害防御不断贡献中国智慧和中国方案。

气象法治体系不断健全。建立了《气象法》为龙头，行政法规、部门规章、地方法规组成的气象法律法规制度体系，形成了由国家、地方、行业和团体等各类标准组成的气象标准体系，气象事业进入法治化发展轨道。

70年来，我们始终坚持党对气象事业的全面领导，以政治建设为统领，全面加强党的建设，在拼搏奉献中践行初心使命，为气象事业高质量发展提供坚强保证。

70年来，气象事业发展历程中人才辈出、精神璀璨，有夙夜为公、舍我其谁的开创者和领导者，有精益求精、勇攀高峰的科学家，有奋楫争先、勇挑重担的先进模范，有甘于清苦、默默奉献的广大基层职工。一代代气象人以服务国家、服务人民的深厚情怀，谱写了气象事业跨越式发展的壮丽篇章；一代代气象人推动着气象事业的长河奔腾向前，唱响了砥砺奋进的动人赞歌；一代代气象人凝练出“准确、及时、创新、奉献”的气象精神，激发起干事创业的担当魄力！

70年的发展实践，我们深刻地认识到，**坚持党的全面领导是气象事业的根本保证**。70年来，在党的领导下，气象事业紧贴国家、时代和人民的要求，实现健康持续发展。我们坚持以习近平新时代中国特色社会主义思想为指导，增强“四个意识”，坚定“四个自信”，做到“两个维护”，把党的领导贯穿和体现到气象事业改革发展各方面各环节，确保气象改革发展和现代化建设始终沿着正确的方向前行。**坚持以人民为中心的发展思想是气象事业的根本宗旨**。70年来，我们把满足人民生产生活需求作为根本任务，把保护人民生命财产安全放在首位，把老百姓的安危冷暖记在心上，把为人民服务的宗旨落实到积极推进气象服务供给侧结构性改革等各方面工作，促进气象在公共服务领域不断做出新的贡献。**坚持气象现代化建设不动摇是气象事业的兴业之路**。70年来，我们坚定不移加强和推进气象现代化建设，以现代化引领和推动气象事业发展。我们按照新时代中国特色社会主义事业的战略安排，谋划推进现代化气象强国建设，确保气象现代化同党和国家的发展要求相适应、同气象事业发展目标相契合。**坚持科技创新驱动和人才优先发展是气象事业的根本动力**。70 年来，我们大力实施科技创新战略，着力建设高素质专业化干部人才队伍，集中攻关制约气象事业发展的核心关键技术难题，促进了气象科技实力和业务水平的不断提升。**坚持深化改革扩大开放是气象事业的活力源泉**。70 年来，我们紧跟国家步伐，全面深化气象改革开放，认识不断深化、力度不断加大、领域不断拓展、成效不断显现，推动气象事业在不断深化改革中披荆斩棘、破浪前行。

铭记历史，继往开来。《新中国气象事业 70 周年》系列画册选录了 70 年来全国各级气象部门最具有历史意义的图片，生动全面地记录了气象事业的发展足迹和突出贡献。通过系列画册，面向社会充分展示了气象事业 70 年来的生动实践、显著成就和宝贵经验；展现了气象事业对中国社会经济发展、人民福祉安康提供的强有力保障、支撑；树立了“气象为民”形象，扩大中国气象的认知度、影响力和公信力；同时积累和典藏气象历史、弘扬气象人精神，能够推动气象文化建设，凝聚共识，汇聚推进气象事业改革发展力量。

在新的长征路上，气象工作责任更加重大、使命更加光荣，我们将以习近平新时代中国特色社会主义思想为指导，不忘初心、牢记使命，发扬优良传统，加快科技创新，做到监测精密、预报精准、服务精细，推动气象事业高质量发展，提高气象服务保障能力，发挥气象防灾减灾第一道防线作用，以永不懈怠的精神状态和一往无前的奋斗姿态，为决胜全面建成小康社会、建设社会主义现代化国家做出新的更大贡献！

中国气象局党组书记、局长：刘雅鸣

2019 年 12 月

前言

坐落于东海之滨的浙江省，山水旖旎江海交融，四季分明温润宜居，坐享得天独厚的气候资源，同时也面临着大自然极为严峻的考验。台风、暴雨、干旱、高温、寒潮……多种气象灾害频发，严重干扰了自然生态系统和人类社会的正常生产生活，造成不可估量的影响。

新中国成立以来70年间，浙江气象人始终秉承着保一方平安促一方发展的理念，铭记从业初心、锤炼专业本领、践行行业使命，伴随着东方巨龙的崛起，成功地完成了一次次突破和一个个跨越，奠定了未来发展的坚实基础。

70年来，气象部门组织体系和业务技术体系日渐完善，气象人才队伍不断壮大。从1954年建局初的3个气象台7个气象站136人，发展到今天的86个气象台站2795人，浙江气象事业始终与浙江经济社会发展同频共振，逐梦同行。

70年来，全省大气探测综合系统不断完善。探测仪器装备从单一的地面气象观测向遥测化、自动化方向发展，初步形成了天基、空基、地基相结合的三维立体综合大气监测系统，浙江大地风云变幻时刻尽收眼底。

70年来，预报预测技术不断飞跃发展。随着气象资料信息化和数值预报技术广泛应用，气象预报技术已由单一的天气图经验预报转变为以数值预报产品为基础、多种观测资料综合应用的现代技术，全省初步构建了无缝隙、格点化精细气象预报业务体系，天气预报准确率大幅提升。

70年来，气象服务领域不断拓展。从服务国防军事，到服务地方经济社会发展服务，从面向城市居民到深入农村基层，从报纸刊登、广播播放到新媒体、客户端全网发布，气象服务领域不断拓展，手段不断创新，内涵不断丰富，逐步形成了包括决策气象服务、公众气象服务、专业气象服务在内的现代气象服务体系，服务的社会经济效益显著提高。

70年来，气象防灾减灾体系日益完善。经过多年实践，“党委领导、政府主导、部门联动、社会参与”的气象防灾减灾理念深入人心，具有浙江特色的基层气象防灾减灾体系初步建成，以气象灾害预警信号为先导的社会应急响应机制不断完善，社会灾害防御能力进一步提高。

70年来，浙江气象精神历久弥新。无论昔日筚路蓝缕、手胼足胝的开拓者，还是如今意气风发、奔跑逐梦的后来人，一代代浙江气象工作者在平凡的岗位上默默奉献，锻造出了一支无坚不摧的气象队伍，涌现了一大批先进典型。自强不息、求实进取、管天为民、敬业奉献的浙江气象精神，已在全省气象工作者心中深深扎根。

回眸70年的风雨历程，有艰辛、有曲折，更有喜悦、有豪迈。70年的辉煌，源自党中央对气象工作的方针政策，源自中国气象局和省委、省政府的正确领导，源自各级政府和部门的鼎力支持，源自社会各界的无私关爱，源自浙江气象人的不懈追求！谨以此画册致敬曾为浙江气象事业建设、改革、发展做出突出贡献的领导、专家和奋斗在气象业务、服务、科研、管理等岗位上的每位同志。

“昨夜斗回北，今朝岁起东。”现如今，中国特色社会主义进入新时代，浙江气象事业既拥有美好前景机遇也面临诸多任务挑战，较长时期内我们仍将面临气象业务服务能力与浙江经济社会发展和人民安全福祉日益增长的需求不相适应这一根本矛盾。浙江气象人将以习近平总书记对浙江提出的“干在实处永无止境，走在前列要谋新篇，永立潮头方显担当”为指引，坚持“创新、协调、绿色、开放、共享”五大发展理念，抓好党建、创新、改革、开放、人才“五个强业”，激发气象创新活力，全面深化改革和推进气象现代化，提升气象保障服务能力、扩大气象工作影响力，坚决守好防灾减灾“第一道防线”，千方百计满足千家万户对千变万化气象信息的需求，朝着更高的目标和更加辉煌的未来前进。

浙江省气象局党组书记、局长： 

2019年12月

目录

亲切关怀篇

浙江省气象事业的发展离不开党和政府的关心与支持。新中国成立以来，中国气象局和浙江省委、省政府历任主要领导先后视察我省气象工作，对我省气象工作作出重要批示。2010、2019 年，浙江省人民政府两度与中国气象局签署合作协议，共推我省气象事业高质量发展。

重要论述

时任浙江省委书记习近平多次指导气象防灾减灾工作，对气象事业发展给予了极大的关心。此处摘录部分习近平关于防范自然灾害、建设“平安浙江”的重要论述。

2005年7月26日，时任浙江省委书记习近平同志在温州市抗台救灾情况汇报会上指出：“我省是一个洪、涝、台、潮、旱多种灾害频繁交错发生的省份。……防台抗台必须把防御小流域洪灾和地质灾害作为工作重点，切实加强监测和预警，完善各项防御措施，及时把工作做在前面，努力减少次生灾害带来的损失。”

（摘自《干在实处，走在前列——推进浙江新发展的思考与实践》，中共中央党校出版社，2006年版，226页）

2005年9月13日，时任浙江省委书记习近平同志在省委常委会议上指出：一次又一次的台风来袭，使我们一次又一次地感受到台风来袭既是人力不可抗拒的自然灾害，更是弘扬“浙江精神”的伟大斗争，这使我们一次又一次地感受到全省广大党员、干部、群众在狂风暴雨、生死考验中铸就的抗台救灾精神。这包括：以人为本、人民至上的宗旨观念，尊重规律、求真务实的科学精神，万众一心、众志成城的团结意识，相互协作、自力自救的自强信念，公而忘私、敢于牺牲的奉献品格……这些精神实实在在地体现了共产党员的先进性，与时俱进地丰富了“浙江精神”，这是我们夺取抗台救灾全面胜利的法宝。

（摘自《干在实处，走在前列——推进浙江新发展的思考与实践》，中共中央党校出版社，2006年版，270页）

视察调研

2008 年 5 月 22 日，中共浙江省委书记赵洪祝（右）与中国气象局党组书记、局长郑国光（左）在杭州亲切会谈

2017 年 3 月 31 日，中共浙江省委书记夏宝龙（右）会见中国气象局党组书记、局长刘雅鸣（左）

1986 年 3 月，国家气象局局长邹竞蒙（右二）到浙江省气象部门视察

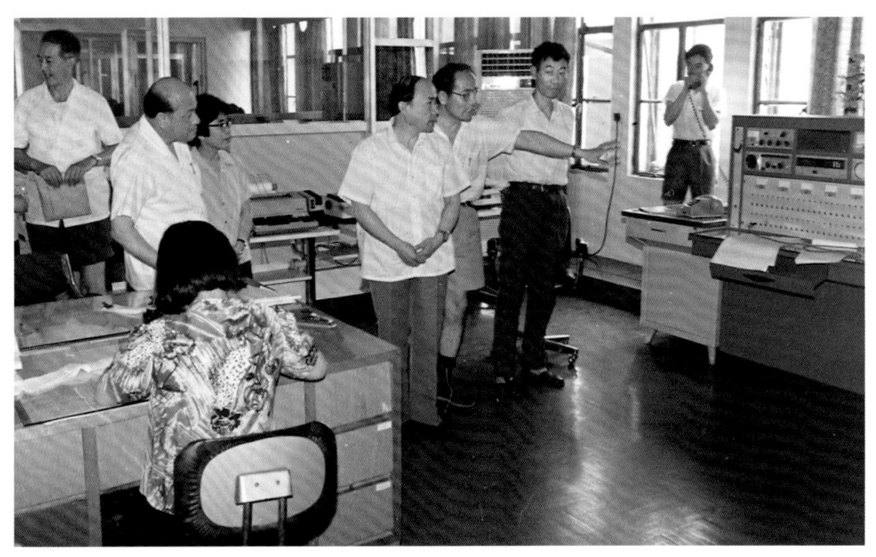

1990 年 6 月 24 日，浙江省委书记李泽民（右四）、省长沈祖伦（左二）等领导到省气象台进行视察

1990 年，浙江省副省长许行贯（左二）在省气象台共商台风预报防御

1994 年，浙江省省长万学远（左二）在省气象台听取气象工作汇报

1994 年，浙江省委书记李泽民（中）一行在省气象台听取台风动向预报，研究防台抗台措施

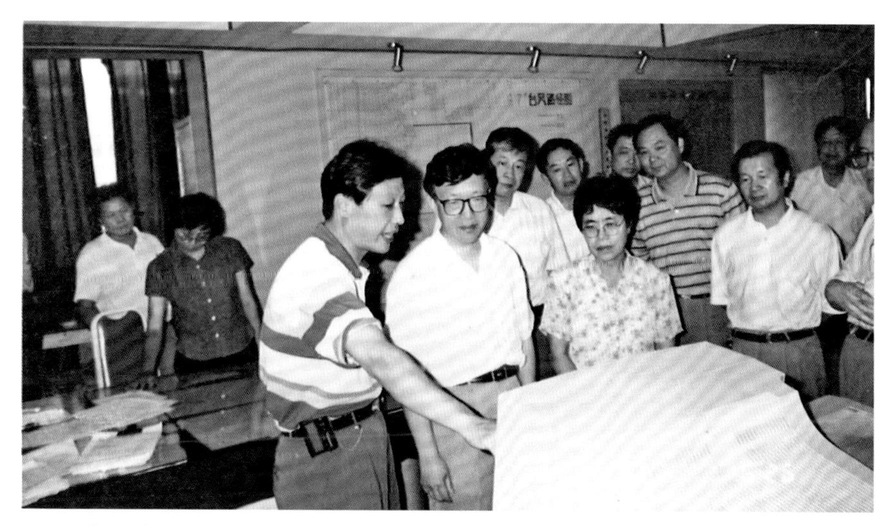

1994 年，浙江省省委常委、副省长刘锡荣（左二）到省气象台慰问气象职工，部署防汛抗台措施

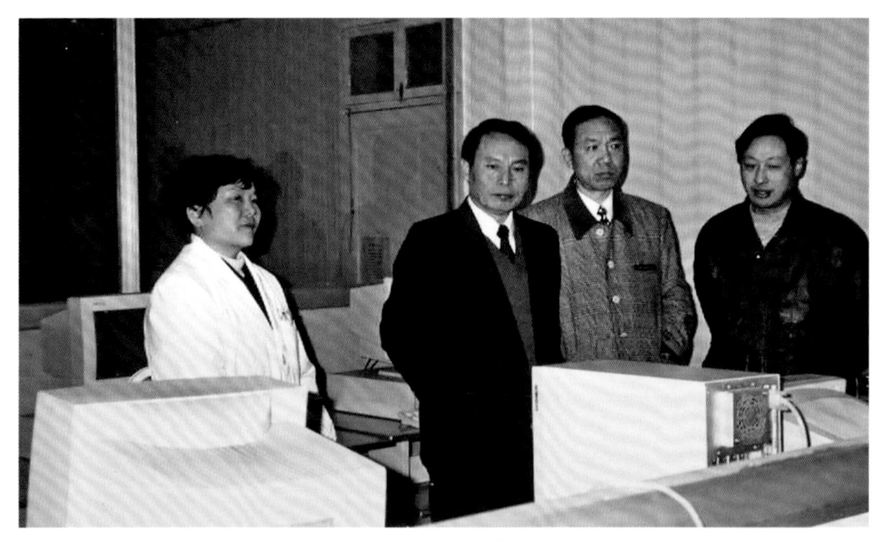

1998 年，中国气象局党组书记、局长温克刚（左二）在浙江省气象局视察

2001 年 1 月，中国气象局党组书记、局长秦大河（前排中）在浙江调研气象工作

2002 年 6 月，浙江省省长柴松岳（右二）检查指导气象工作

2003 年 8 月 3 日，浙江省省长吕祖善（中）听取飞机人工增雨作业工作汇报

2003 年，浙江省委常委、常务副省长章猛进（前一）视察气象工作

2008 年，浙江省副省长茅临生（左一）赴临安大气本底站视察雪情，并慰问气象职工

2009 年 10 月，中国气象局党组书记、局长郑国光（右一）在浙江省气象部门视察调研

2010 年 2 月 9 日，浙江省委常委、副省长葛慧君（右二）视察杭州国家基准气候站

2012 年 12 月 19 日，全国人大财经委副主任吕祖善（右四）检查指导杭州气象预警中心工作

2013 年 8 月 15 日，浙江省政协副主席陈小平（前排）视察指导省气象科学研究所

2013 年 9 月 4 日，浙江省人大常委会副主任程渭山（左二）一行到丽水开展气象“一法两例”执法情况检查

2015 年 5 月 28 日，浙江省委副书记王辉忠（右二）视察杭州气象观测站

2015 年 6 月 18 日，浙江省副省长黄旭明（右二）检查指导气象工作

2016 年 9 月 3 日，浙江省委副书记、代省长车俊（前排右二）检查指导气象工作

2017 年 2 月 8 日，浙江省副省长孙景淼（左二）在杭州气象科普体验馆调研

2017 年 4 月 1 日，中国气象局党组书记、局长刘雅鸣（前排右二）赴浙江气象部门视察工作

2017 年 5 月 25 日，浙江省委副书记、省长袁家军（右二）视察开化县负氧离子（清新空气）监测工作

2018 年 5 月 11 日，浙江省副省长彭佳学（左二）调研指导气象工作

1989 年 10 月 17 日，国家气象局副局长骆继宾（左二）检查指导浙江气象工作

1993 年 5 月 26 日，国家气象局副局长颜宏（左一）检查指导浙江气象工作

1995 年 5 月 31 日，中国气象局副局长马鹤年（中）检查指导浙江气象工作

2002 年 3 月 25 日，中国气象局副局长刘英金（左三）检查指导浙江气象工作

2002 年 5 月 23 日，中国气象局副局长李黄（右二）赴绍兴市气象局检查指导工作

2008 年 1 月 17 日，中国气象局副局长王守荣（前排左）检查指导浙江气象工作

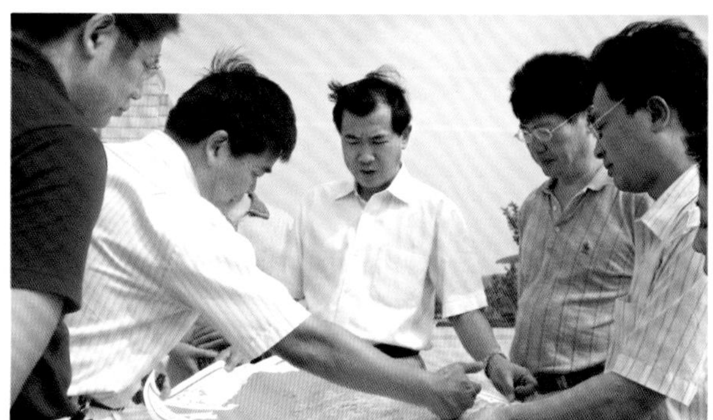

2008 年 7 月 20 日，中国气象局副局长宇如聪（中）检查指导浙江气象工作

2010 年 1 月 29 日，中纪委驻中国气象局纪检组组长孙先健（左二）检查指导浙江气象工作

2012 年 2 月 11 日，中国气象局副局长矫梅燕（前排中）检查指导杭州市气象服务中心

2012 年 5 月 15 日，中国气象局副局长沈晓农（左二）检查指导浙江气象工作

2017 年 4 月 21 日，中国气象局副局长许小峰（前排左）赴柯桥区气象局检查指导防汛气象服务工作

2017 年 8 月 10 日，中国气象局副局长于新文（右二）检查指导浙江汛期气象服务工作

2018 年 5 月 26 日，中国气象局副局长余勇（右）为建德市颁发中国气候宜居城市证书

省部联动

1998年，浙江省委副书记、省长柴松岳（左一）会见中国气象局名誉局长邹竞蒙（中），共商发展浙江气象事业

2008年5月22日，中国气象局党组书记、局长郑国光（主席台左）到浙江论坛做气象防灾减灾报告

2009年10月，中国气象局党组书记、局长郑国光（左）向浙江省委副书记、省长吕祖善（中）赠送浙江省遥感地图

2010年11月30日，浙江省委常委、副省长葛慧君（右）在中国气象局党组书记、局长郑国光（左）陪同下参观中国气象局

2013年4月18日，中国气象局党组书记、局长郑国光（右）在北京会见浙江省副省长黄旭明（左）

省部合作

2010 年 9 月 26 日，浙江省人民政府与中国气象局以“共同推进气象防灾减灾能力建设”为主题签署合作协议。浙江省委副书记、省长吕祖善（上图左三），中国气象局党组书记、局长郑国光（上图右三）等出席签字仪式并讲话。浙江省委常委、副省长葛慧君（卜右图前排左），中国气象局党组副书记、副局长许小峰（下右图前排右）分别代表双方签署合作协议

2019 年 7 月 25 日，签署省部合作协议前，浙江省委书记车俊（左）会见中国气象局党组书记、局长刘雅鸣（右）一行

2019 年 7 月 25 日，签署省部合作协议前，浙江省委副书记、省长袁家军（右）与中国气象局党组书记、局长刘雅鸣（左）会谈

2019年7月25日，浙江省政府与中国气象局以“建设高水平气象现代化和防灾减灾救灾‘第一道防线’示范省”为主题，签署新一轮省部合作协议。省长袁家军（左五）与中国气象局党组书记、局长刘雅鸣（右五）代表双方签署合作协议

气象服务篇

新中国成立初期，浙江省气象工作主要为国防服务。1953 年建制后，既为国防服务，同时又为地方经济社会发展服务。20 世纪 80 年代中期，为适应市场经济发展和日益增长的气象服务需求，在加强决策服务和公众气象服务的同时，开展专业气象服务。2000 年后，强化公共服务理念，加强气象业务现代化建设对服务工作的支撑，提高服务产品的多元化、精细化程度，服务覆盖面不断向基层和农村延伸，逐步形成了包括决策气象服务、公众气象服务、专业气象服务在内的现代气象服务体系，服务的社会经济效益显著提高。

气象防灾减灾救灾

浙江地处东海之滨，陆海相连，山水相依，温润多雨，四季分明，气候资源丰富。同时也是台风、暴雨、干旱、洪涝、雷电等气象灾害频发地，气象灾害防御任务较重。经过多年实践，“党委领导、政府主导、部门联动、社会参与”的气象防灾减灾救灾工作理念深入人心，具有浙江特色的基层气象防灾减灾救灾体系基本形成。

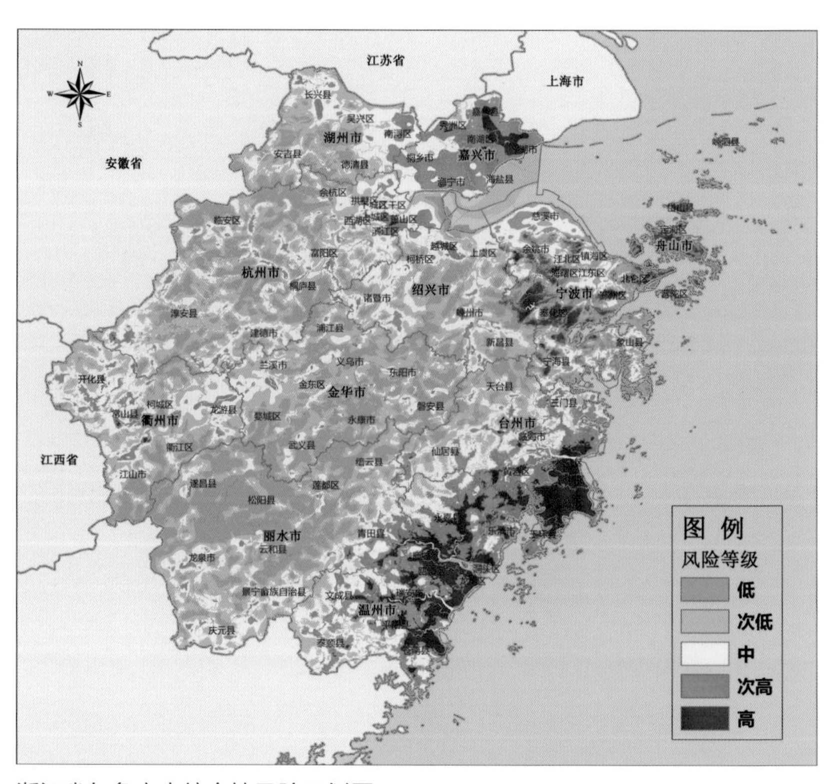

浙江省气象灾害综合性风险区划图

▶ 台风灾害防御

浙江是我国受台风影响最严重的省份之一。新中国成立 70 年间，影响浙江的台风共有 225 个，其中登陆浙江的有 46 个，另外，平均登陆福建 80% 的台风和登陆广东 20% 的台风都对浙江造成了影响。

近年来，浙江气象部门认真贯彻习近平总书记“两个坚持、三个转变”防灾减灾救灾新理念，严密监测、提前预报预警，强化预报预警信息的传播服务，牢牢守住防台抗台的“第一道防线”。

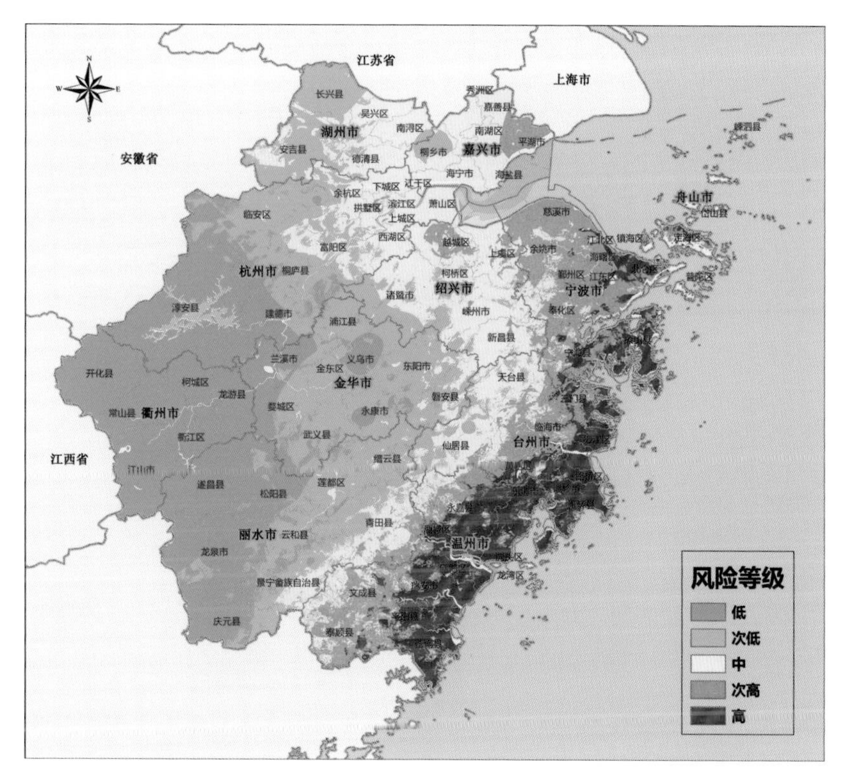

浙江省台风灾害风险区划图

2004 年 8 月 12 日 20 时在浙江温岭石塘登陆的 14 号台风“云娜”

风云四号气象卫星拍摄的 2019 年第 5 号台风“丹娜丝”云图

1988 年 7 号台风影响杭州市区

2004 年“云娜”台风影响期间，台州仙居县艰难前行的群众

2005 年台风“海棠”影响温州乐清市

2006 年超强台风“桑美”带来狂风暴雨

2012 年 8 月 2 日，为防台风“苏拉”，温州苍南县龙港镇 500 余艘渔船全部进入避风港

2019 年 8 月 9 日 12 时许，受超强台风“利奇马”影响，台州玉环东沙渔村码头出现大浪

杭州气象台荣获 1956 年“5612”号台风气象预报服务集体功

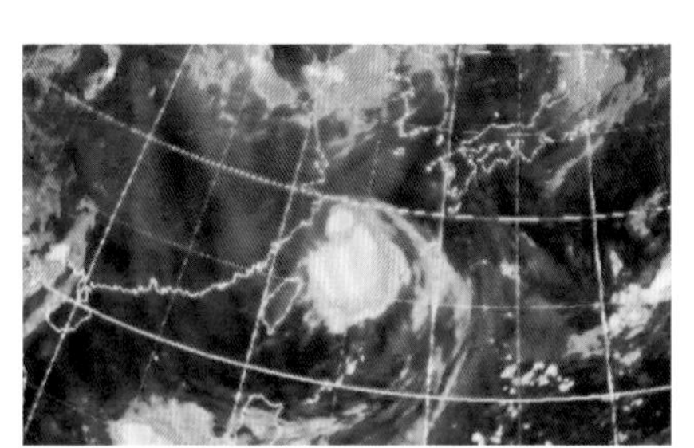

20 世纪 90 年代，省气象台台风监测预报服务工作场景

2012 年 8 月 7 日，省气象台会商台风“海葵”

2015 年 7 月 8 日，省气象局在省防指防台会议上汇报“灿鸿”台风预报情况

2019 年 8 月 9 日，省气象局参加省防指防台会议

▶ 暴雨灾害防御

浙江暴雨频发多发，暴雨极易引发洪涝灾害及次生、衍生灾害，气象部门全力以赴做好预报预警服务。

2014 年 7 月 28 日，温州城区暴雨即将来袭

1994 年 6 月 9—24 日，全省连续暴雨冲毁了浦阳江诸暨市境内的大堤

1996 年 6 月 27 日—7 月 2 日的暴雨过程给宁波余姚造成了严重的洪灾

2015 年 6 月，衢州暴雨引发洪涝灾害

1999 年 6 月 30 日，湖州德清县遭遇洪水，全城上下齐抗洪

1999 年 6 月 23—30 日，全省大范围暴雨大暴雨过程致使新安江水库首次开 8 孔泄洪

省气象局在梅汛期全国天气会商会上发言

2010 年 6 月 18 日，省气象局在全省防御梅雨工作视频会议上汇报暴雨情况

次生灾害防御

浙江山区面积大，地质灾害隐患重。图为 2015 年 11 月 13 日，丽水市莲都区雅溪镇里东村发生山体滑坡

气象部门开展地质灾害救险现场保障服务

2002 年 8 月 15 日，省气象局领导赴衢州九华乡开展灾后调查

2016 年 6 月 29 日，衢州龙游县气象局第一时间到房屋倒塌的村民家中开展气象灾害调查

▶ 雨雪冰冻灾害防御

2008 年 1 月，浙江出现寒潮、暴雪、道路结冰等气象灾害，给生产生活造成极大影响

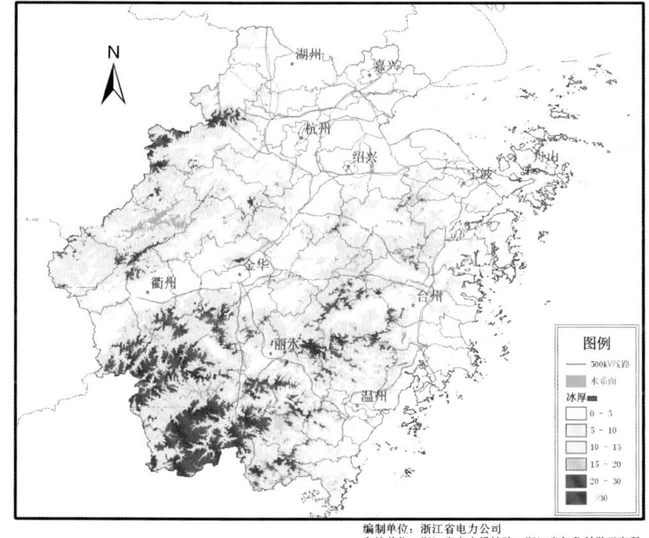

浙江省输电线路设计 50 年一遇标准覆冰厚度分布图

2008 年 1 月 26 日，浙江省政府紧急召开防范雨雪冰冻灾害电视电话会议

浙江省是雷暴多发区，雷电灾害事故对社会经济发展和人民生命财产安全构成严重威胁，近年来，浙江在全国首推区域雷电灾害风险评估工作，既保防雷安全又为企业减负。图为 2016 年 6 月，慈溪新浦镇海塘上空出现的雷电

台州湾循环经济产业集聚区
区域雷击风险评估报告
浙江省气象安全技术中心
二〇一八年八月

台州湾循环经济产业集聚区区域雷击风险评估报告

区域雷击风险评估无人机现场勘测

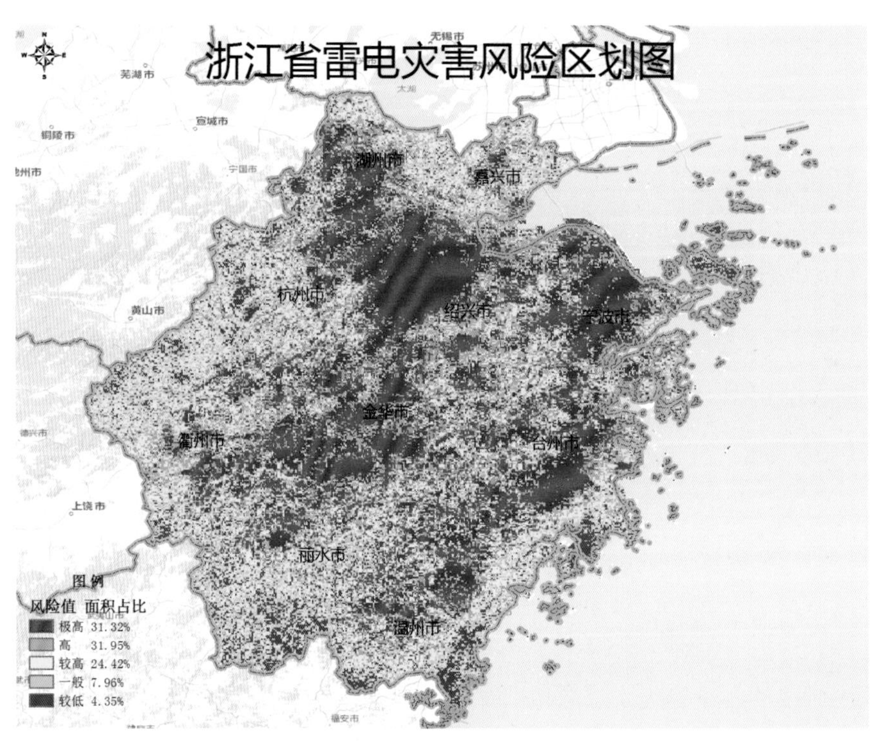

浙江省雷电灾害风险区划图

▶ 其他气象灾害防御

除台风、暴雨、雷电、寒潮、暴雪、道路结冰之外，浙江省还受霜冻、大风、高温、干旱、冰雹、大雾、霾等多种气象灾害的影响。

霜冻

2016年5月2日，丽水青田仁庄镇大树被大风连根拔起

1991年4月14日，温州部分地区遭冰雹袭击，冰雹大的如乒乓球大小

2013年8月，连日高温干旱，千岛湖水位明显下降

2007年12月4日，杭金衢高速（诸暨段）因大雾发生重大交通事故

霾影响下的杭州西湖

2003年7月24日，台州遭遇50年一遇的干旱，5万亩农田受旱严重

基层防灾减灾体系建设

为提升基层防灾减灾能力，浙江省气象局积极开展气象防灾减灾体系建设。2008年，率先在德清县开展全国新农村气象工作示范县建设，随后，气象灾害监测预警全覆盖县建设等工作在全省全面开展。目前，全面建成气象防灾减灾标准乡镇（街道），标准化村（社区）覆盖面不断扩大。完善应急准备认证、重点单位监管等风险管理机制。全部市县级政府、乡镇出台气象灾害应急预案，推进村（社区）制定应急计划。建立预警信号属地化发布机制、重大气象灾害预警信息全网发布机制、社会传播设施共享机制。省市县乡村五级应急响应预案架构初步建立，以气象灾害预警信号为先导的社会应急响应机制不断完善等，社会灾害防御能力进一步提高。

县乡气象防灾通报

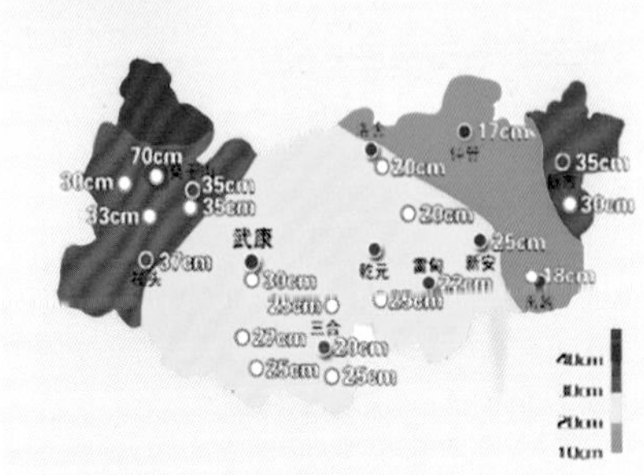

气象协理员在测量雪深

气象协理员培训

气象协理员协助开展灾情调查

2010 年 6 月 17 日，为气象协理员颁奖

全省建成了 3 万人组成的气象协理员、信息员、联络员、安全员“四员”队伍，打通气象信息传播最后一公里。

▶ 部门联动

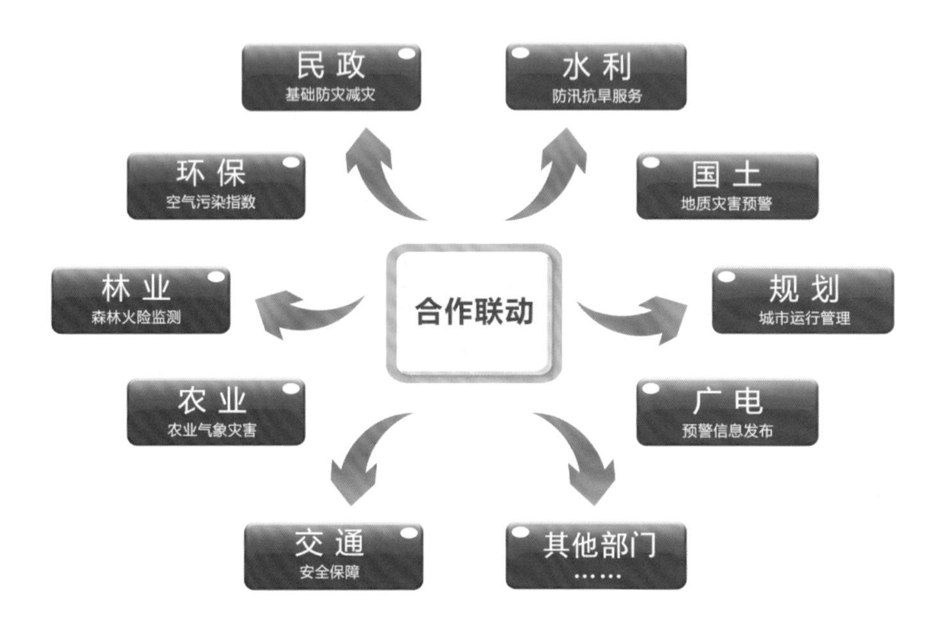

截至 2018 年，气象局与 20 多个部门建立了合作联动工作机制

为了进一步适应机构改革后的防汛指挥体系，深化与地方应急管理部门的协作联动，2019 年 4 月 11 日，省气象局与省应急管理厅签订合作协议，力求切实发挥气象工作在防汛组织指挥和应急抢险救援中的“防灾减灾第一道防线”作用

公共气象服务

浙江省公共气象服务始于20世纪50年代初，当时主要是通过电话、报纸、广播电台和信函等开展。80年代起，服务内容不断增加，服务方式和传播渠道不断拓展。进入21世纪之后随着气象科技进步和信息技术的迅猛发展，公共气象服务开始迈向现代化，并向农村和基层延伸。

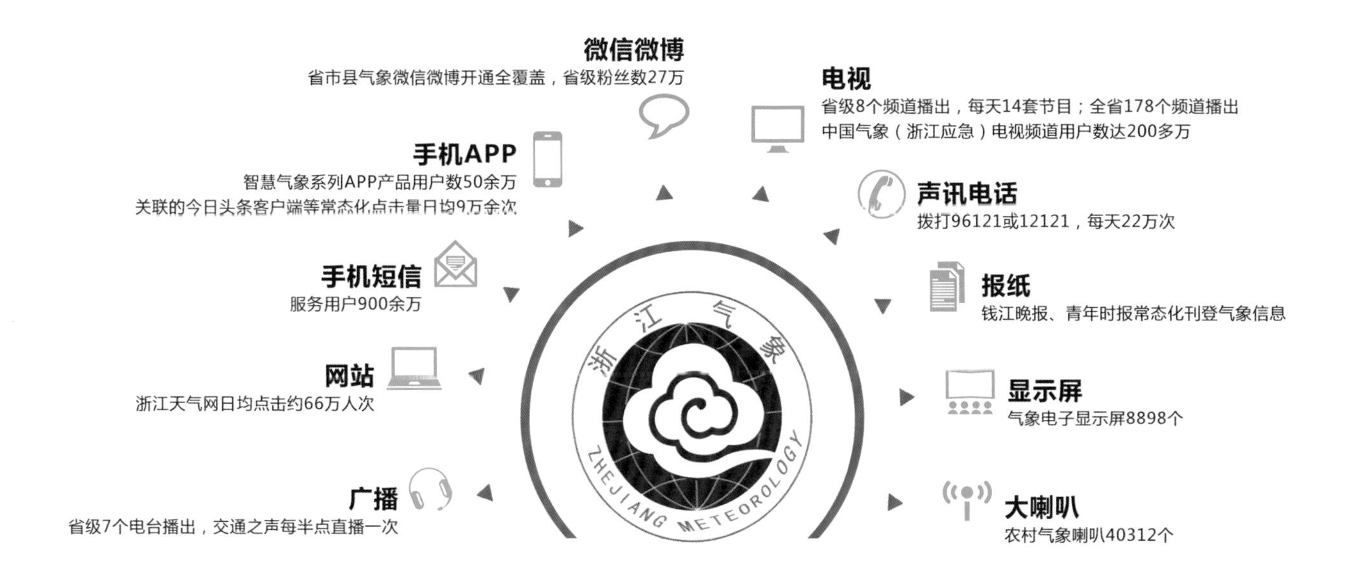

打造立体多样、融合发展的气象服务传播矩阵。加强社会信息传播设施共享。每天为2000余万公众提供气象服务

早期公共气象服务

20 世纪 50 年代省人民广播电台广播气象预报

20 世纪 50 年代，丽水气象站用插旗帜的方式传播气象预报信息

1996 年浙江省气象局第一次招聘电视《天气预报》节目主持人现场

嘉兴桐乡市气象局人工播报天气预报

绍兴嵊县气象警报服务

温州气象寻呼台

▶ 多样化服务手段

青年时报

今年第23号台风强势来袭

或在长假末登陆浙江，嵊泗、东极等多处海岛景点疏散游客

“菲特”汹汹

吹乱长假节奏

避风头

报纸气象服务

2003 年，浙江气象与联通合作开通短信气象服务

2012 年 3 月 23 日，中国气象频道（浙江应急）开通

参加浙江在线访谈节目

杭州市区首块气象电子显示屏

气象声讯服务

2010 年，公共气象服务白皮书新闻发布会

2016 年，宁波推出全国首个电视天气预报手语节目《北仑气象》

舟山海洋广播电台

2007 年春节天气新闻发布会

▶ 新媒体气象服务

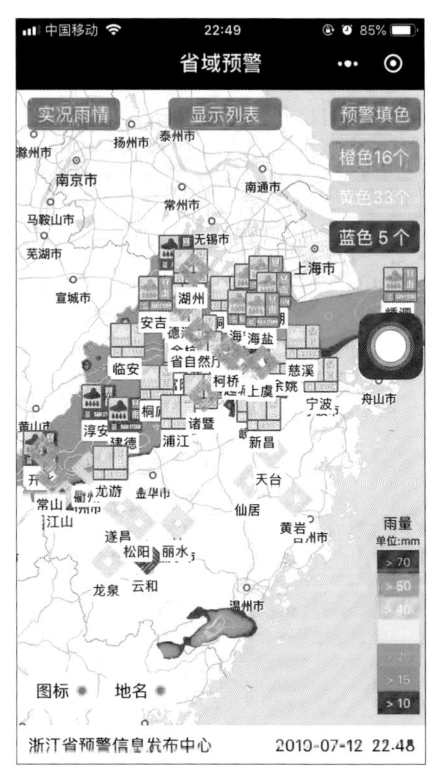

智慧气象 APP 系列产品

气象服务不断创新，2017 年 12 月 1 日省气象服务中心研发的“气象安全导航”获得全国首届气象服务创新大赛三等奖

政务头条号

获奖证书

浙江气象

在2017年的政务头条号运营工作中，成果显著，被评为

全国“最具影响力民生头条号”

特发此证

“浙江天气”2017、2018 年连续两年获今日头条“最具影响力民生头条号”

气象事件直播成为向公众传播防灾减灾知识的重要渠道，图为 2018 年 7 月 11 日“玛莉亚”台风直播间现场

为农气象服务

早在 20 世纪 50 年代初期，浙江省气象部门在做好国防气象服务的同时，已尝试开展为农气象服务。多年来，气象部门始终把为农服务作为气象服务重点，主动适应农业生产和结构调整的需求，从单一的为农作物服务拓展为面向农业、农村、农民的公共气象服务，建立农业气象业务产品体系，依托集约化现代化业务平台和多样化传播渠道，实现向现代农业气象服务转变。

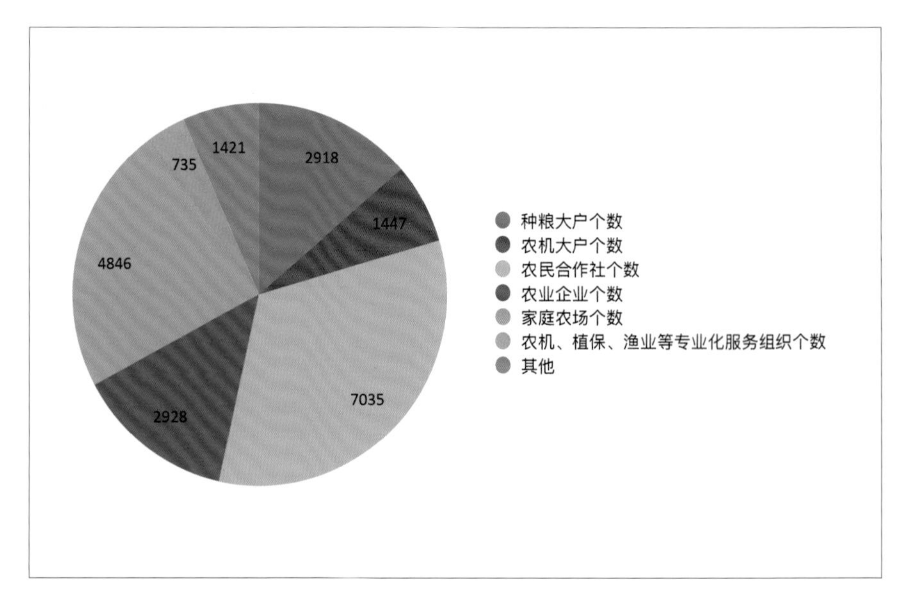

截至 2018 年底全省气象部门直通式服务覆盖新型农业经营主体 2 万余个

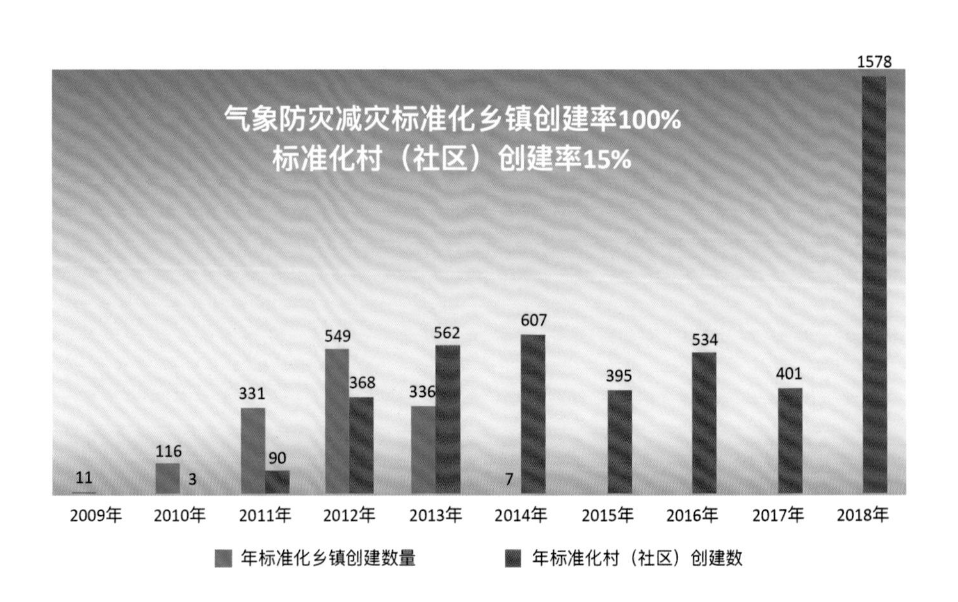

▶ 为农服务历程

20 世纪 50 年代，龙泉县气象站在作霜冻预报

20 世纪 50 年代的农民田间天气会商

2001 年，浙江农网成立。在利用网络工具，发挥资源优势为农民服务、农业技术推广等方面做出了应有贡献，2019 年浙江农网注销

2011 年 6 月 16 日，麦农收到气象部门提供雨止间歇的消息后，迅速进行抢收工作

1980 年 5 月，在海盐县农业试验基地观测水稻、大麦等发育情况

龙游农业气象试验站工作人员正在开展水稻观测试验

开展火龙果气象试验和研究

▶ 风险区划和乡村标准化建设

近年来，浙江省气象局积极推进乡村气象标准化建设，出台《乡村气象防灾减灾建设规范》《县域气象灾害监测预警体系建设指南》等标准，气象信息进村入户，打通防灾减灾最后一公里。

晨光下的金华武义一茶园

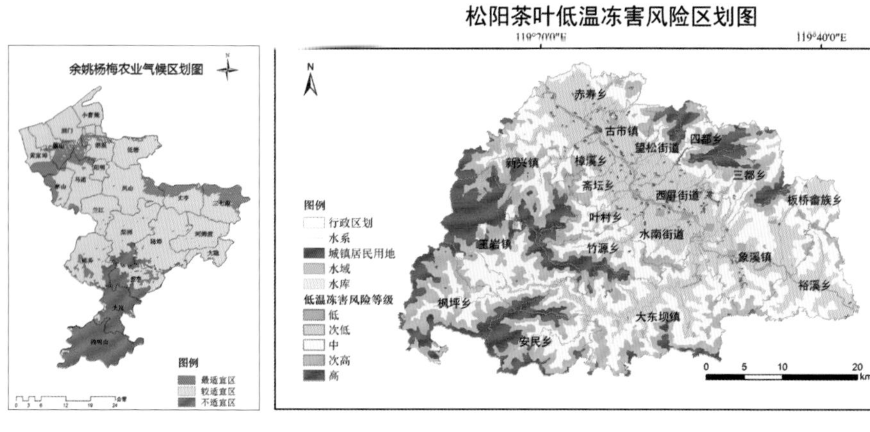

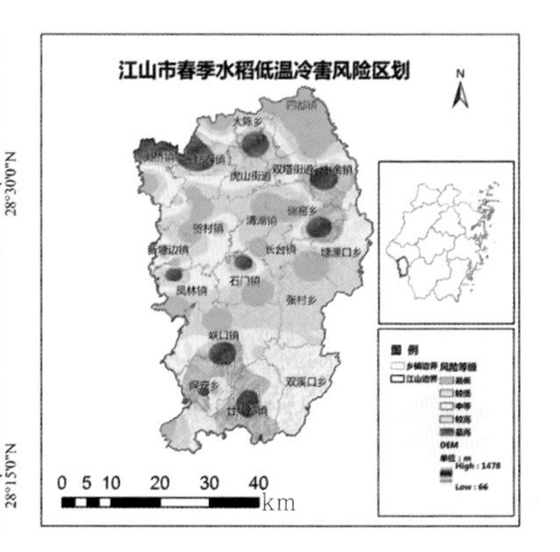

依托“三农专项”开展主要作物和特色农作物风险区划

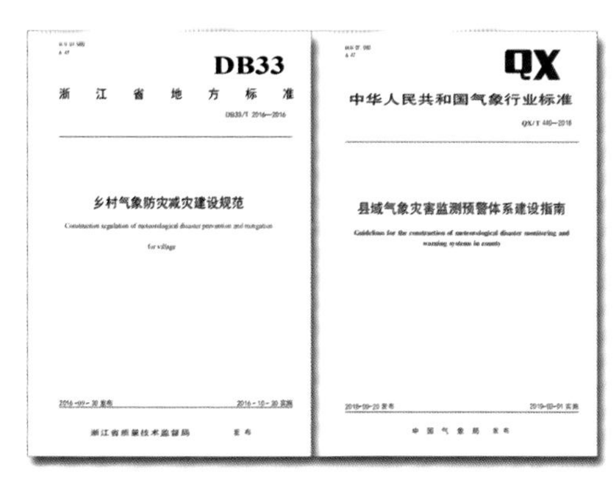

DB33
浙江省地方标准
乡村气象防灾减灾建设规范
浙江省质量技术监督局 发布

QX
中华人民共和国气象行业标准
县域气象灾害监测预警体系建设指南
中国气象局 发布

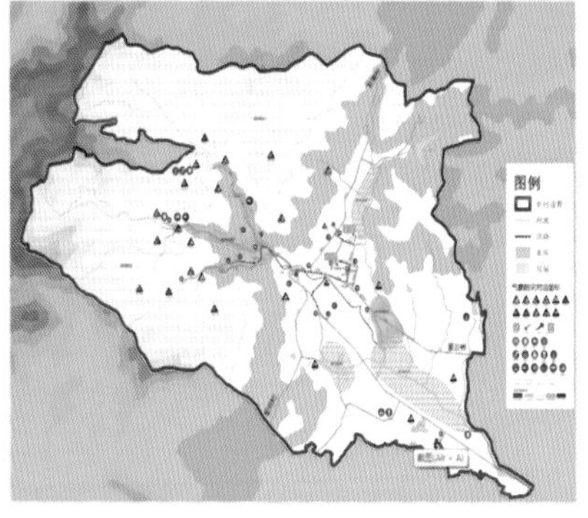

精细到村的气象灾害风险地图

▶ 为农服务基地建设

开展水稻、柑橘、蔬菜、花卉等 10 个特色农业气象服务示范基地建设

丽水市气象局在丽水莲都区碧湖镇里河农业园区设立农田小气候观测站。目前全省已建 120 个农田小气候站

直通式气象服务实现农业两区（粮食生产功能区、现代农业园区）全覆盖

▶ 茶叶气象服务中心建设

2008 年，全国唯一的茶叶气象服务中心落户浙江。充分发挥茶叶气象服务中心作用，开展面向全省、辐射全国的茶叶开采期预测、防灾指导、气候品质评价、冻害指数保险等全链条茶叶气象服务。

开展安吉引种贵州白茶的气象扶贫研究和服务，助力产业扶贫

松阳茶园小气候站

QX
中华人民共和国气象行业标准
QX/T 411—2017
茶叶气候品质评价
Assessment of tea climate quality

QX
中华人民共和国气象行业标准
QX/T 410—2017
茶树霜冻害等级
2017-12-29 发布
2018-05-01 实施
中国气象局 发布

编制《茶叶气候品质评价》和《茶树霜冻害等级》等行业标准

建设茶叶气象服务信息平台 服务全国茶叶生产

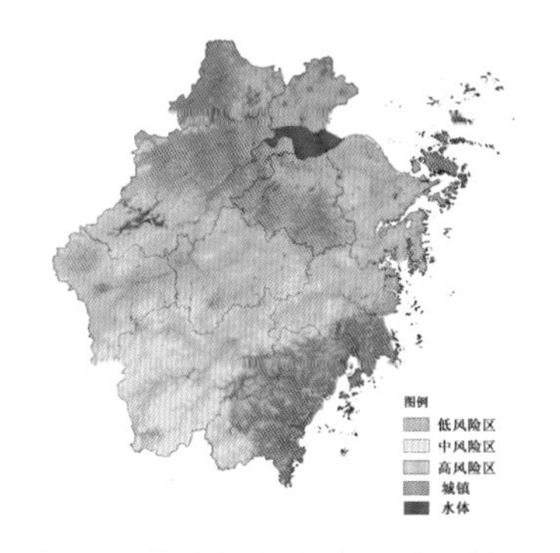

浙江省茶叶气象灾害风险评估

农产品气象指数保险与气候品质论证

省气象局与人保公司共建农业保险气象工作站

已开展11类特色作物的气象指数保险

目前共开展四大类 15 种优质农产品气候品质认证

行业气象服务

早在 20 世纪 50 年代初期，浙江省各级气象部门开始面向有关部门和单位开展农业气象服务。80 年代中期开始拓展服务领域，开展面向海洋、水利、交通、旅游、电力、能源、重点工程及重大活动等多行业多方位的专业气象服务。

海洋

水利

交通

旅游

电力

能源

▶ 重大活动保障

G20 2016 CHINA
浙江省G20杭州峰会工作先进集体
中共浙江省委
浙江省人民政府
二〇一六年九月

在 G20 杭州峰会气象服务中，浙江气象部门 2 集体 20 人次获中国气象局表彰，2 集体 36 人次获省委、省政府表彰

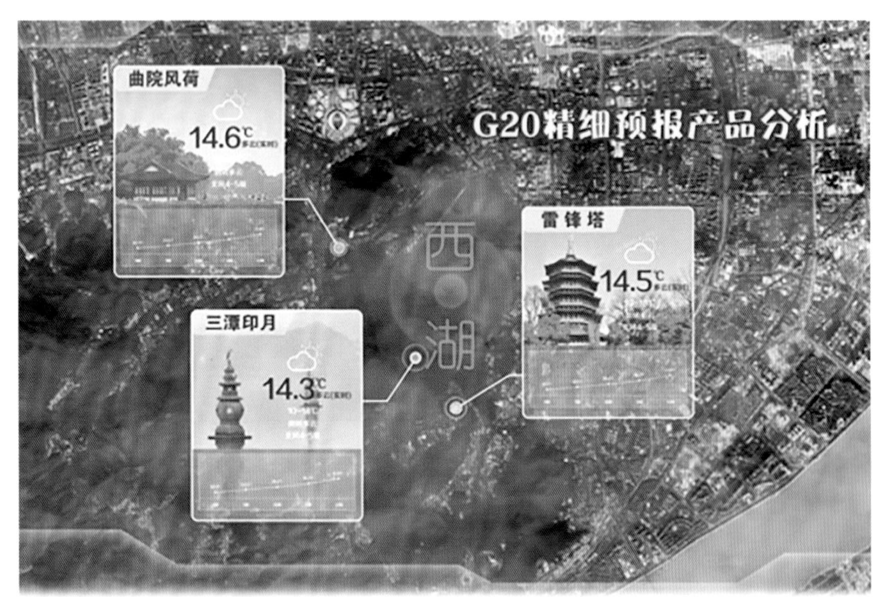

提供精准的 G20 定点气象预报

2016 年设立 G20 杭州峰会气象台，圆满完成 G20 气象保障任务

2015 年，现场服务镇海九龙湖半程马拉松赛

2018 年 11 月 8 日，气象部门为世界互联网大会提供精细化气象服务

2008 年，现场服务奥运火炬传递宁波

2001 年 3 月，为西湖博览会提供现场服务

2017 年 9 月，苍南县为滑翔伞赛事开展专业服务

2009 年，岱山“祭海谢洋”大典在气象服务保障下完美呈现

2017 年 10 月 13 日，湖州气象服务第八届环太湖国际公路自行车赛

▶ 海洋气象服务

渔船现场气象服务

普陀气象局业务人员到盐场开展调研和现场气象服务

气象为盐业生产服务

在前期成立舟山、宁波、温州、台州市海洋气象台的基础上，2002 年 5 月 24 日成立浙江省海洋气象台，强化海洋气象服务

舟山市气象局开展港口气象服务专项调研

舟山市气象局参加 “2018 年国家重大海上溢油应急处置实兵演习”

台州市气象台人员上渔船征求气象服务意见

▶ 交通运输气象服务

为服务“一带一路”倡议，开发义新欧商贸物流气象服务保障系统

2018 年 12 月底，余杭区建成覆盖余杭主要交通干线的交通气象专业监测网

2014 年 12 月 30 日，嘉善县气象局联合交通部门在嘉善主要交通路段红旗塘大桥建设气象交通站

▶ 电力和水文气象服务

为保证电力生产、调度和输送，浙江省气象局开展了各种气象服务，双方开展技术开发合作。自 2018 年起，浙江省气象局着手构建一体化水文气象服务系统，从最初提供预报转变为提供服务，逐步将气象元素融入到水文业务体系中，为用户提供高效、精准、及时的气象信息。

电力气象服务平台

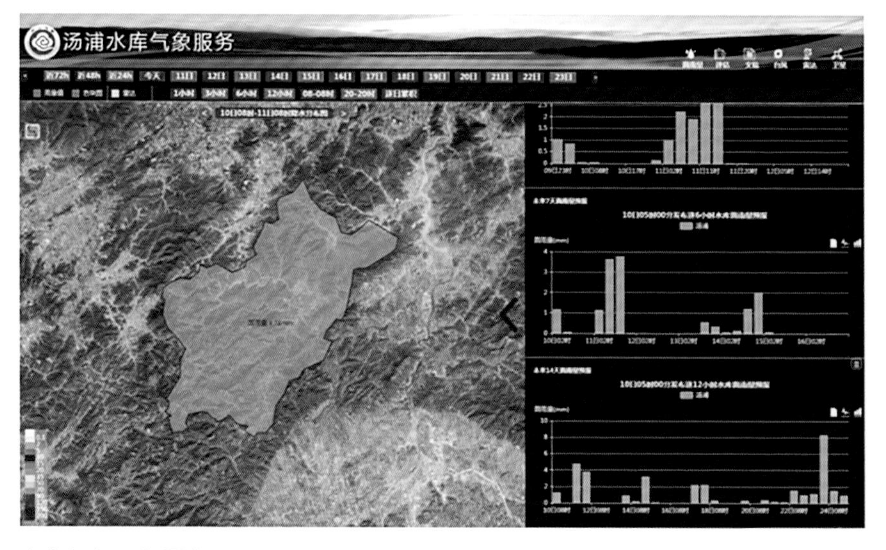

水文气象服务平台

▶ 旅游气象服务

通过网站、影视、APP 等多种方式提供旅游气象服务，同时，开展农家乐气象服务，服务乡村旅游。

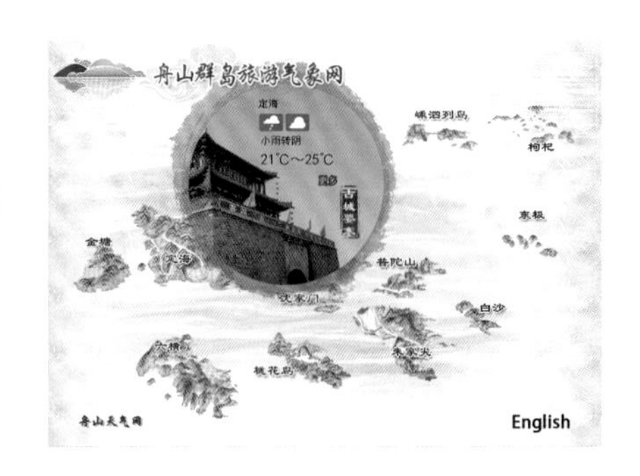

2005 年杭州市气象局与水文监测站联合发布钱江潮水观赏性等级预报

西湖荷花观赏期预报

▶ 重大工程保障

1988 年 10 月 29 日，钱江第二大桥工程指挥部向省气象台赠送锦旗

2013 年 5 月 21—24 日，保障浙江省“十一五”期间铁路建设的重大项目——杭州火车东站枢纽顺利通过验收保障运行安全，原浙江省防雷中心（杭州市防雷设施检测所）获赠“服务优质高效、检测细致规范”的锦旗

为秦山核电站重点工程服务

开展核应急保障服务

2014 年 1 月 16 日，嘉兴市气象局技术人员在杭州湾跨海大桥开展探测资料校正工作

为杭州湾跨海大桥建设设立自动气象站

2013 年 11 月 26 日，台州市气象局深入头门港跨海大桥施工现场开展气象服务

全方位气象保障助力“最忆是杭州”演出圆满成功

生态气象保障

浙江省生态文明建设气象保障服务深入践行“绿水青山就是金山银山”理念，生态气象监测能力逐步提高，临安区域大气本底站入选国家野外科学观测研究站，负氧离子监测体系逐步完善；环境气象评估及重污染天气服务不断加强；气候品牌创建不断深入；气候可行性论证不断深化，风电场资源评估和城市气候规划研究不断发展。

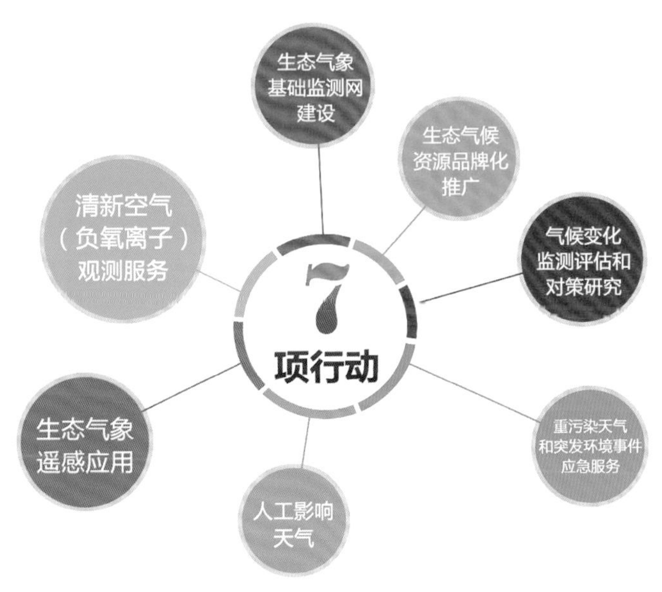

主动融入浙江生态文明体制改革和绿色发展，强化气象科技支撑能力，实施《生态文明建设气象保障服务行动计划》

▶ 生态气象监测

近年来，大力推进生态气象基础监测网建设，开展清新空气（负氧离子）观测服务。

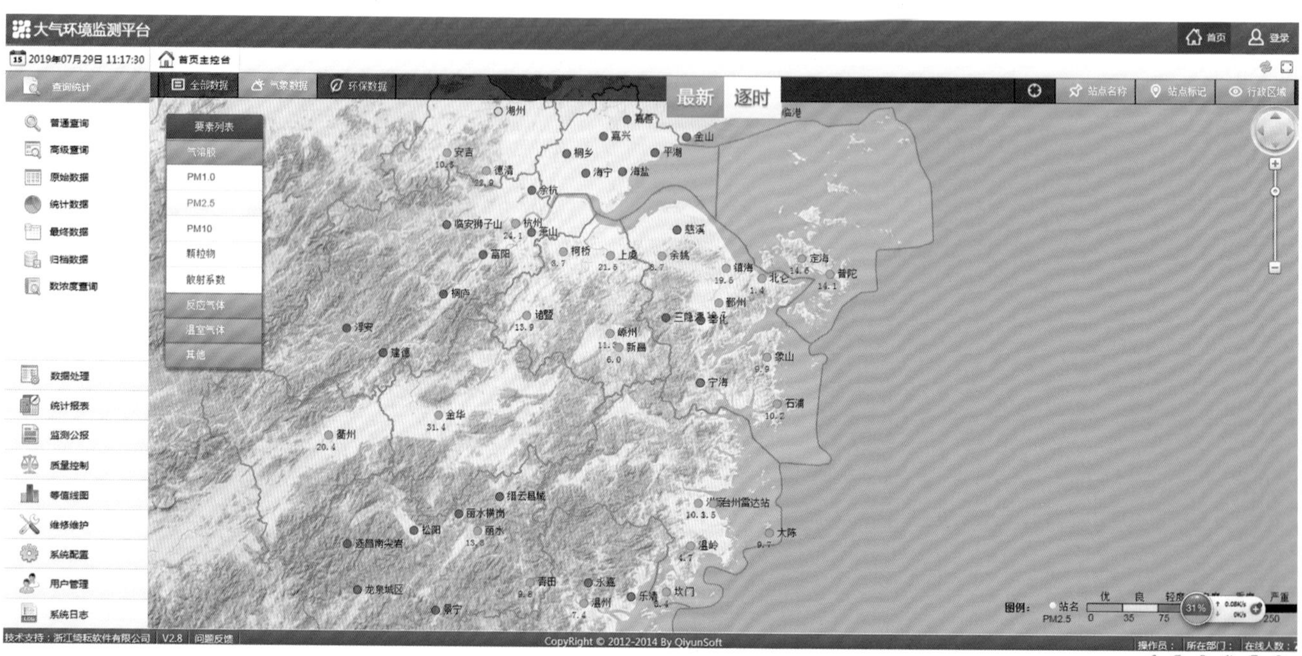

大气环境监测平台

负氧离子监测数据发布

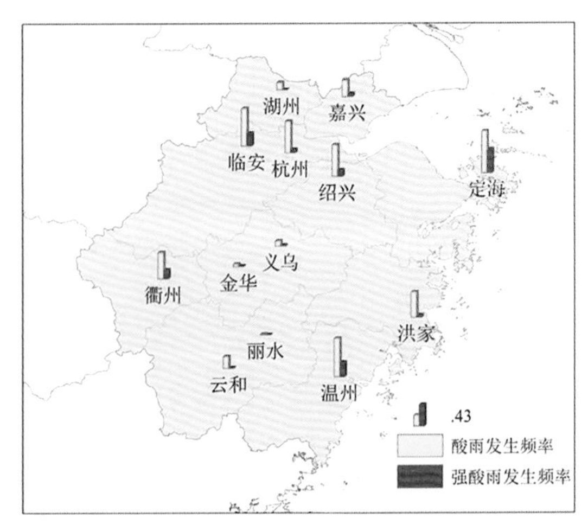

酸雨监测

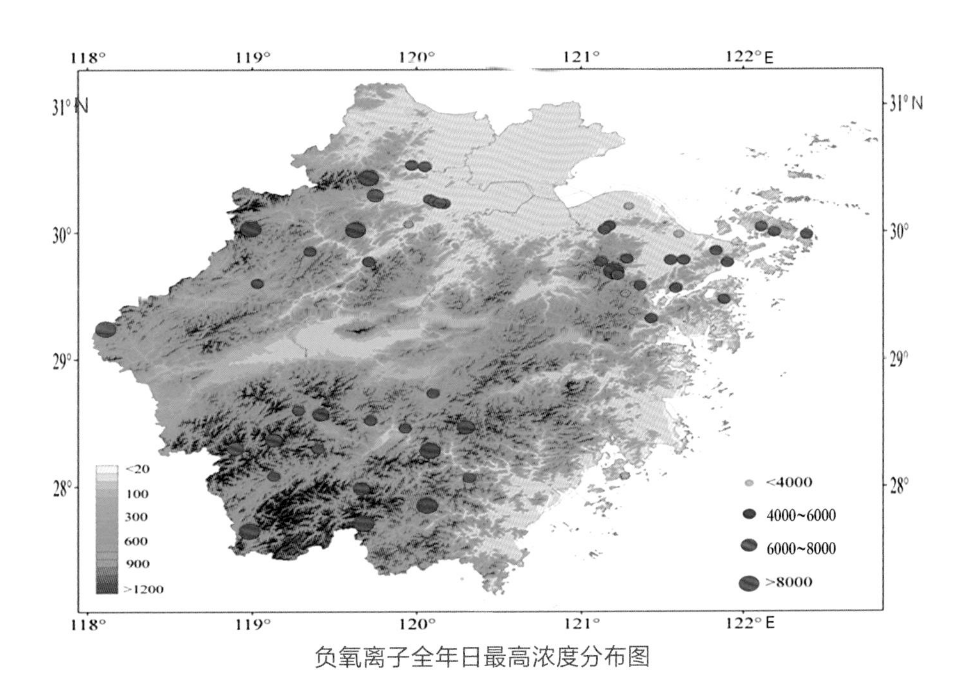

负氧离子全年日最高浓度分布图

大气负氧离子观测

卫星遥感监测

业务化开展干旱、积雪以及太湖蓝藻、霾等卫星遥感监测服务。

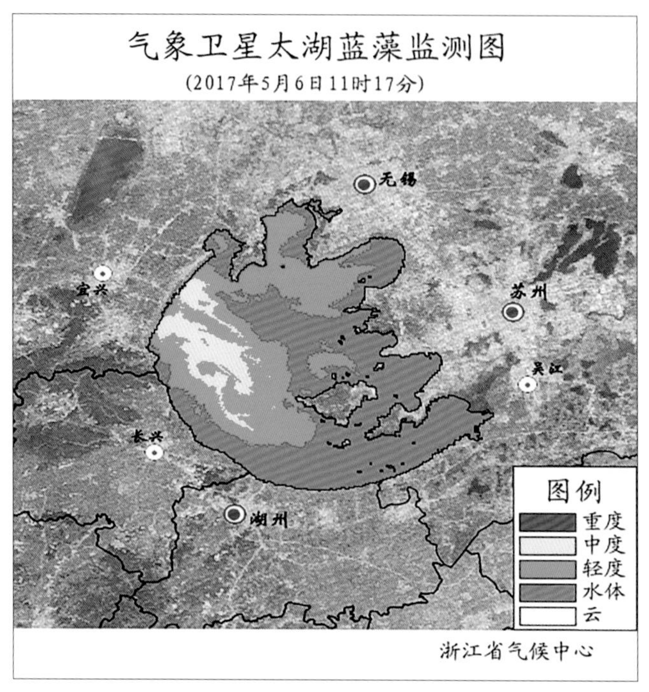

太湖蓝藻监测

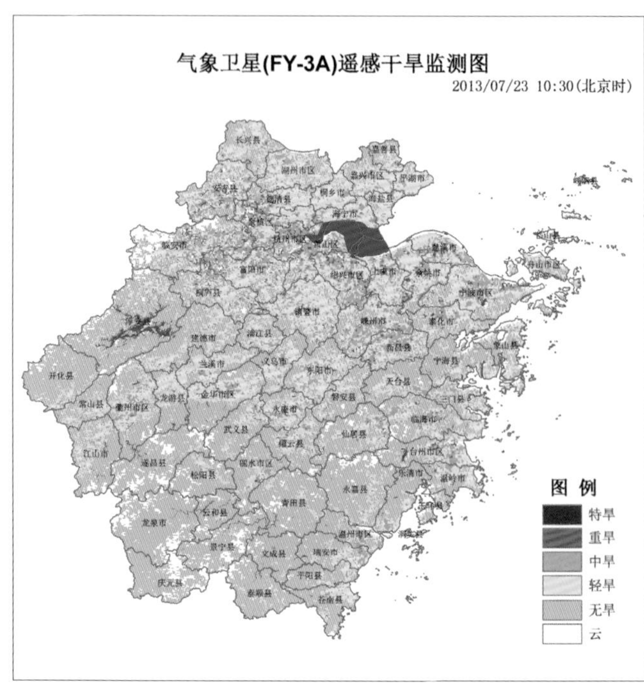

干旱监测

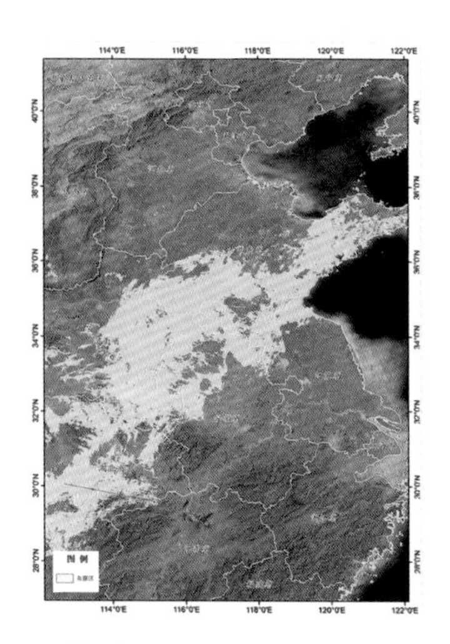

霾监测

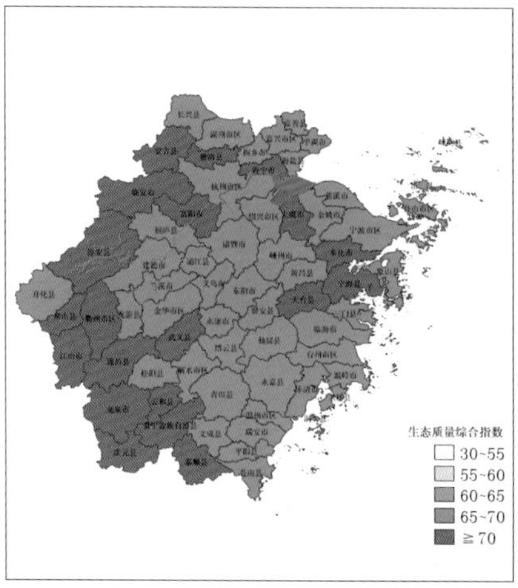

生态质量综合指数监测

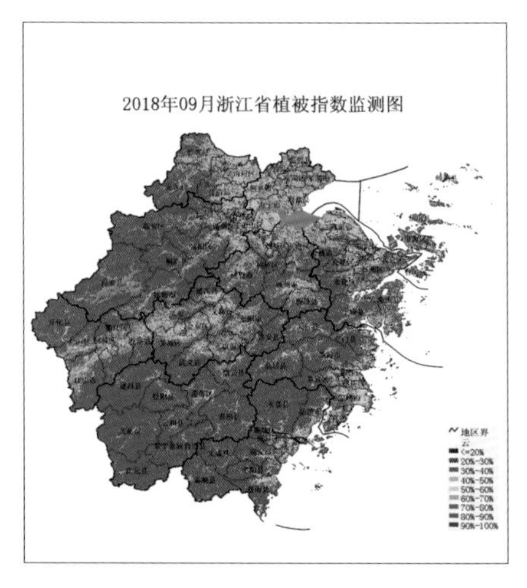

植被指数监测

▶ 空气质量预报

浙江省环保厅　浙江省气象局

大气环境质量监测预警、预报服务工作合作协议

二〇一三年五月

省环保厅、省气象局大气环境质量监测预警、预报服务工作合作协议

市级环保、气象部门联合发布空气质量预报

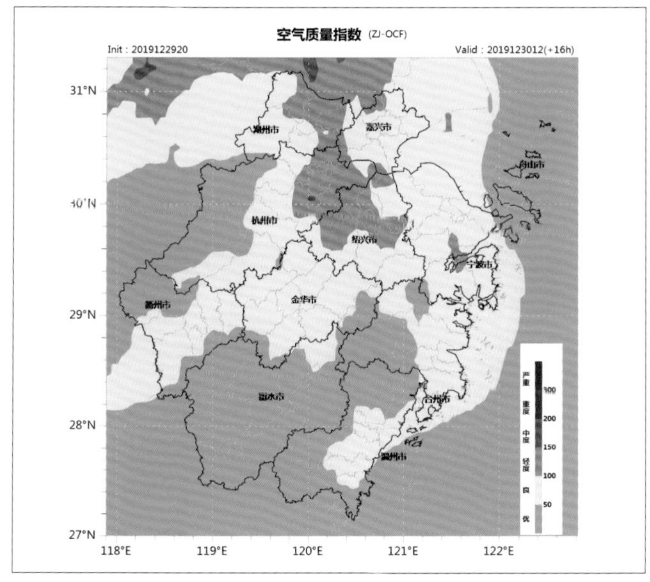

空气质量指数预报产品

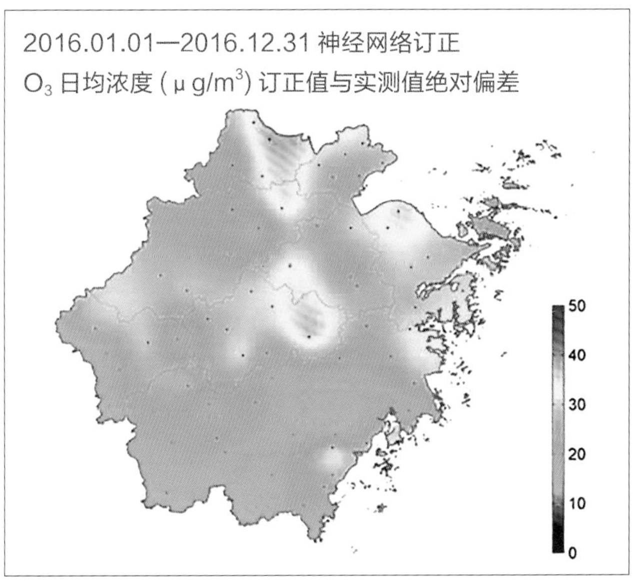

空气质量预报模式产品订正

▶ 气候品牌创建

深挖气候资源潜力，助力各地创建气候宜居、气候养生、天然氧吧等气候品牌，推动气象数据“硬”指标向经济“活”业态转化。

丽水建成中国气候养生之乡

全省 19 地创建中国天然氧吧，图为衢州开化授牌现场

建德获评中国气候宜居城市

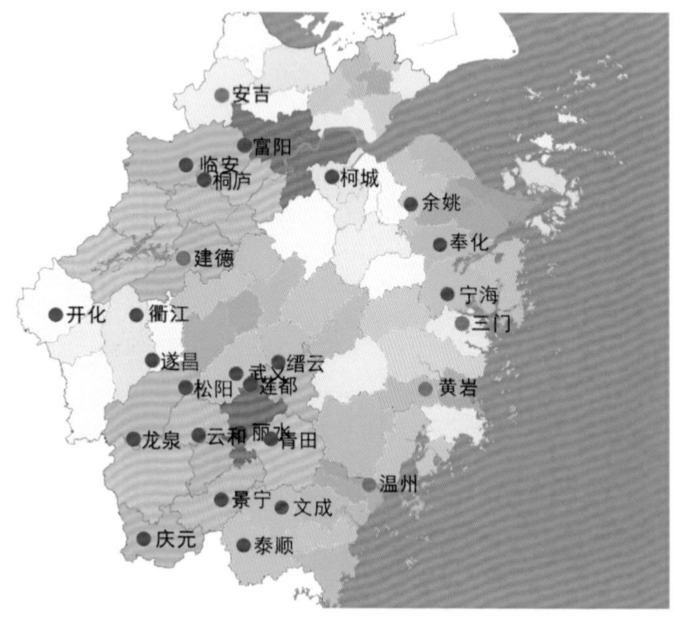

27 个市县成功创建国家气候品牌

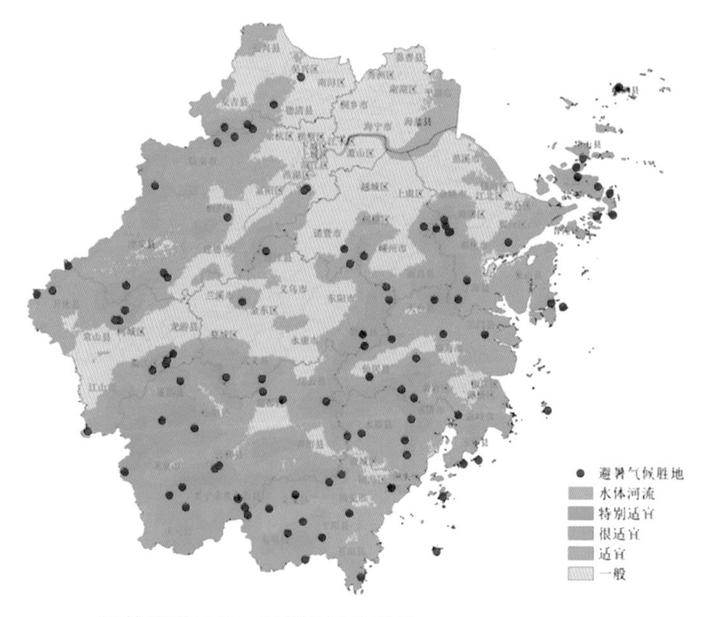

评估推荐 100 个避暑气候胜地

2019年12月27日，中国气象服务协会授予丽水“中国天然氧吧城市”称号，丽水成为全国首个中国天然氧吧城市（实现县域“中国天然氧吧”全覆盖）、首个全域国家气象公园试点建设城市。图为授牌仪式现场

丽水遂昌南尖岩千里云海

▶ 气候资源评估

杭州市气象局联合规划、环保等部门历时五年国内第一家开展跨部门、跨学科城市气候规划研究，研究成果直接为城市科学规划提供最基础决策分析依据，在杭州城市总体规划等十多个规划中得到有效应用。

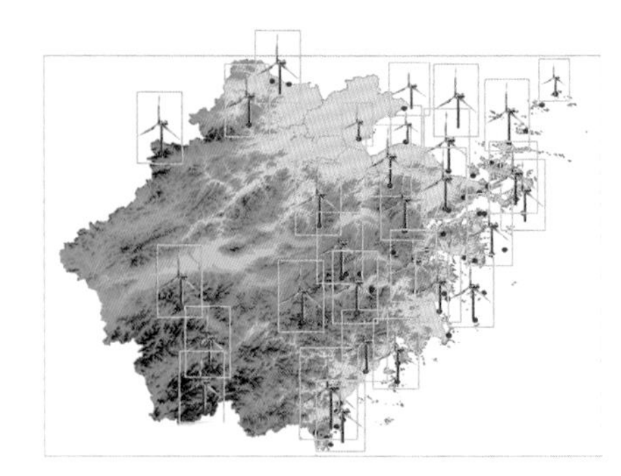

风能资源评估

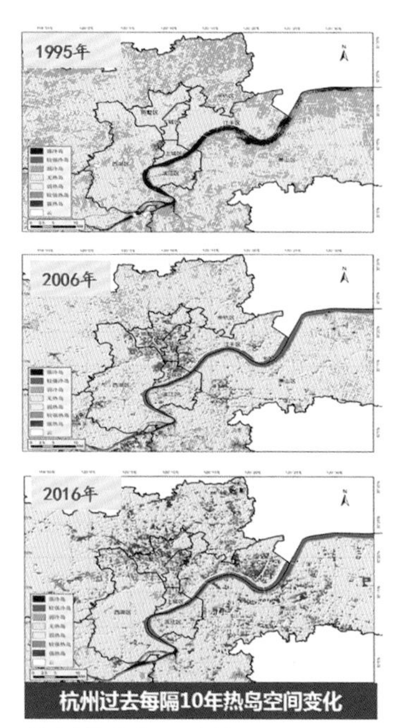

杭州热岛年际变化

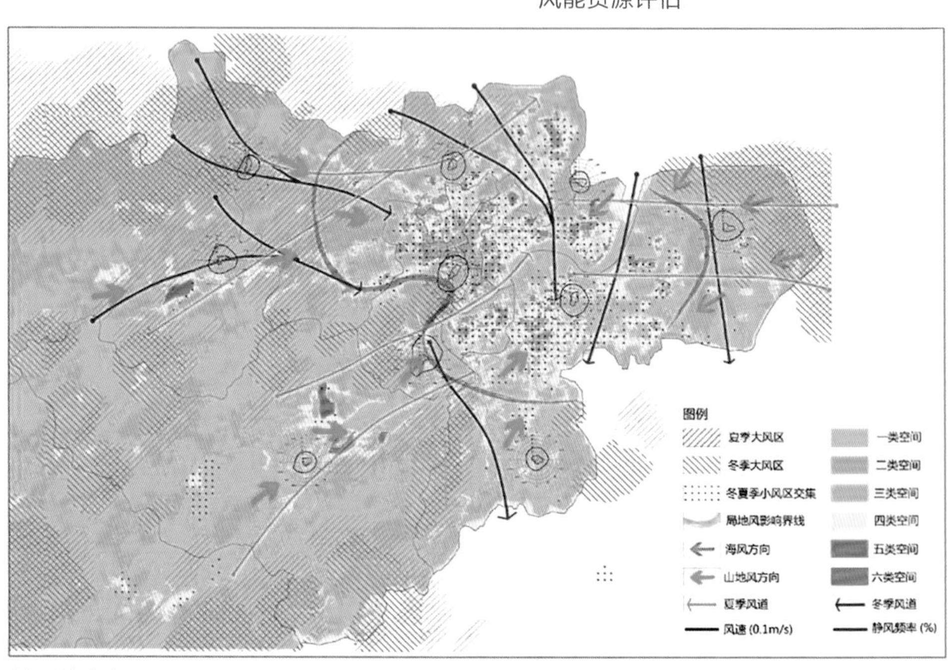

杭州综合气候环境分布图

气候可行性论证

▶ 人工影响天气

20 世纪 80 年代前后，浙江省开始推进人工影响天气工作，经过近 40 年的发展，人工影响天气作业实现了常态化开展，为缓解干旱、生态改善及重要活动保障做出了应有贡献。

2003 年浙江省政府召开飞机人工增雨工作总结表彰大会

1986 年人工降雨工作会议

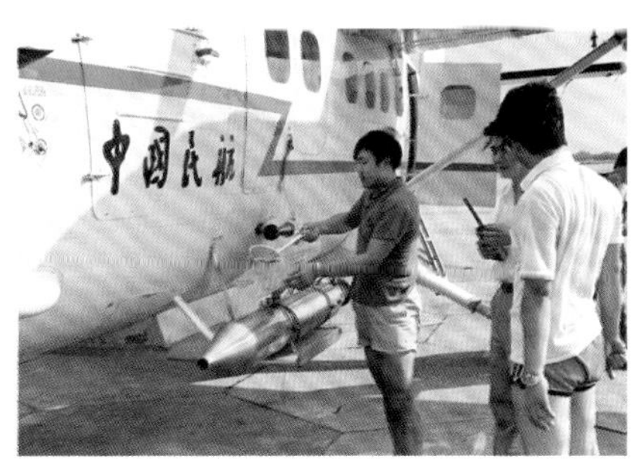

1988 年飞机人工增雨

1994 年飞机人工增雨工作总结会

2004 年人工增雨飞机机舱内作业操作

1978 年开展高炮人工增雨作业

2007 年人工影响天气小队整装待发开展作业

2013 年，军地合作开展人工影响天气作业培训

正在人工增雨作业的工作人员

气象业务篇

经过 70 年的建设发展，浙江气象观测业务从单一的、人工的、地面的向综合的、自动的、立体的方向发展，逐步建成了气象部门综合观测为主、社会化观测为辅的综合气象观测体系。从传统经验预报发展到以数值预报开发应用为主的现代气象预报业务，预报预测客观化、定量化和精细化水平稳步提高。从传统的气象通讯系统发展到现代气象信息系统，大数据、云计算、“互联网 +”等新技术得到广泛应用。气象业务更加注重面向人民生产生活和经济社会发展，现代化水平持续上台阶。

综合气象观测

气象观测站建设，从新中国建立初期 28 个国家气象观测站，发展至 2019 年 75 个国家气象观测站、2968 个区域自动站（其中 185 个新增地面天气站），站间距由 2002 年的 29.42km 缩小到 2019 年的 5.8km；建成新一代天气雷达监测网、卫星地面接收站网；建成农业、交通、海洋、环境等应用气象监测网。

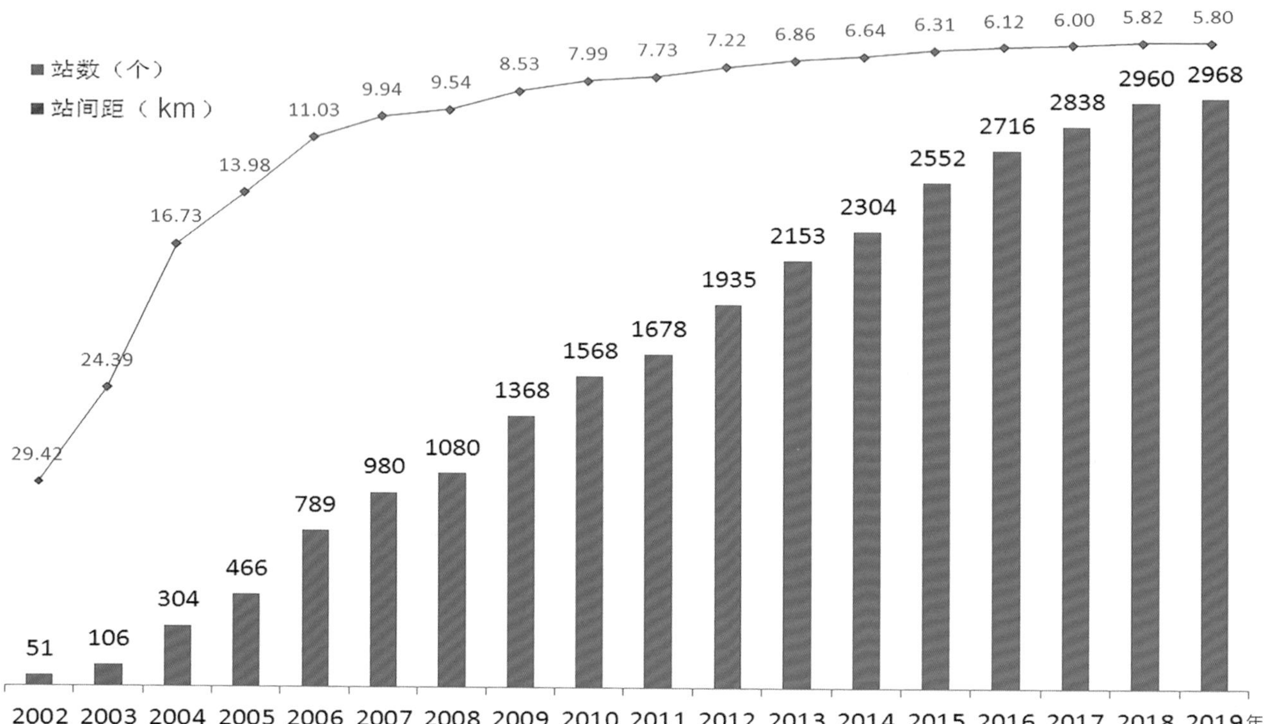

2002—2019 年气象观测站站间距（km）、站数（个）

移动气象应急监测

大气成分观测

交通气象观测

雷电监测站

海岛气象站

农田小气候站

高空气象观测

风廓线雷达

风云卫星接收站

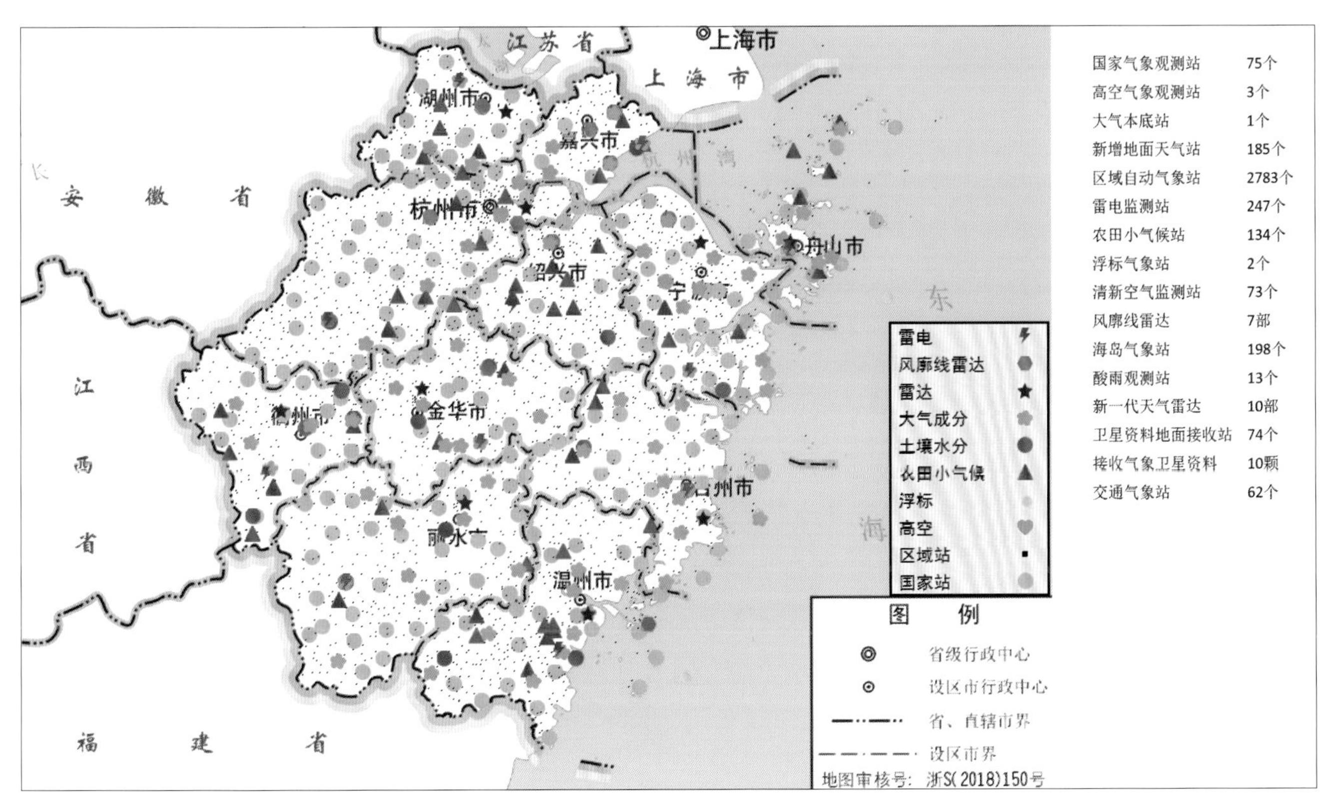

2019 年浙江省综合气象观测站网布局

▶ 人工观测

20 世纪 90 年代之前，气象观测主要以人工观测为主。90 年代后开始观测现代化建设，对观测方法、仪器设备、场室建设、运行管理、人才培养等都带来了质的变化。

20 世纪 80 年代，温州乐清市气象局用风速风向仪测风及施放气球

1980 年，嘉兴海盐县气象站测报人员在更换自记纸

1953 年丽水县气象观测站

1961 年 2 月 15—16 日受强冷空气影响，绍兴嵊县气象站积雪深度达 39 cm，为 1953 年建站至 2010 年的最大值。气象人员正在测量积雪深度

测量降水量

测量直管地温

海区的温湿度观测

经纬仪小球测风

▶ 天目山气象站

冬季天目山气象站，气象人员在百叶箱、风塔等观测设备被雾凇覆盖的情况下坚持观测

1955 年 10 月，在杭州临安县西天目山顶（海拔高度 1505.9 m）建立的天目山气象站，于 1998 年 5 月停止观测，留下了珍贵的观测资料

▶ 大陈气象站

大陈气象站位于下大陈岛五虎山，1981 年为接办大陈海军气象站业务而建。本页黑白照片为 20 世纪 80 年代中期工作场景，彩图为大陈站观测场现状

▶ 自动化观测

20 世纪 90 年代后，综合气象观测逐步向自动化、现代化发展。

杭州国家气候基准站，安装有双套地面自动化观测设备

2015 年 7 月 11 日，台州洪家气象站观测人员在“灿鸿”台风影响时施放高空观测气球

2017 年 7 月 14 日，台州洪家气象站自动放球系统完成现场安装测试验收，实现高空观测放球自动化

人工取土，土壤墒情观测

自动土壤水分观测

1979 年改建之前的嵊县气象站

2016 年标准化改造后的嵊州气象站

1997 年的桐乡县气象局观测值班室

宁波市鄞州区气象局值班室

自动观测设备

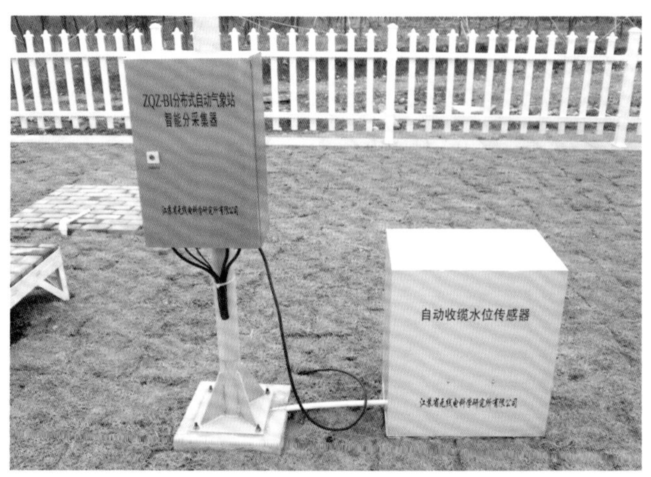

地下水位自动观测仪

激光云高仪

酸雨自动观测仪

称重降水观测仪，测量固态降水量

太阳辐射自动观测仪

能见度自动观测仪

▶ 雷达组网

全省 10 部新一代天气雷达组网运行，2019 年将全部完成双偏振改造。另有嘉兴、嵊州、文成、龙泉、嵊泗雷达正在建设中。

2016 年，临安双偏振天气雷达建成投入使用

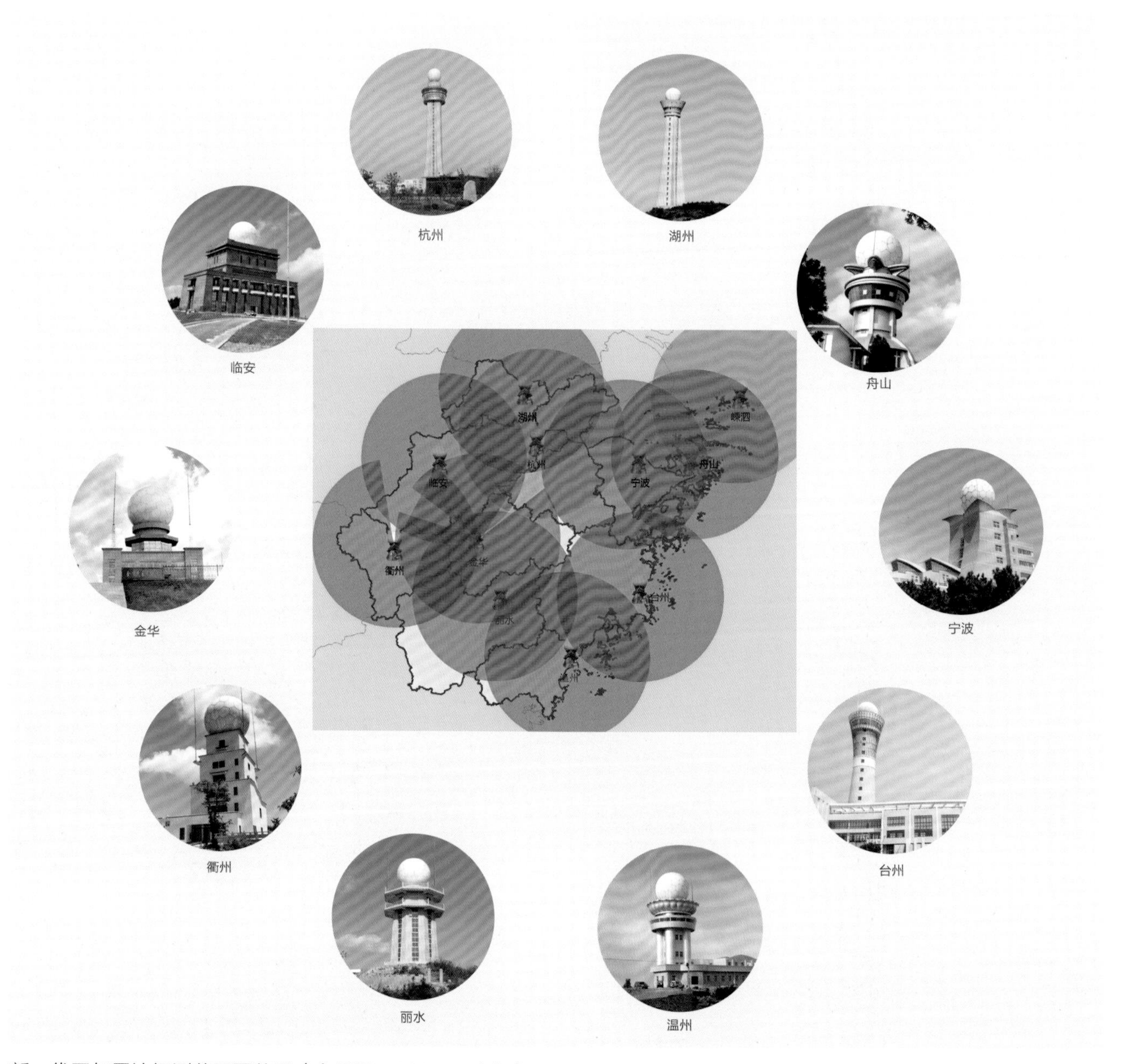

新一代天气雷达探测范围覆盖图（含嵊泗，120 km 半径）

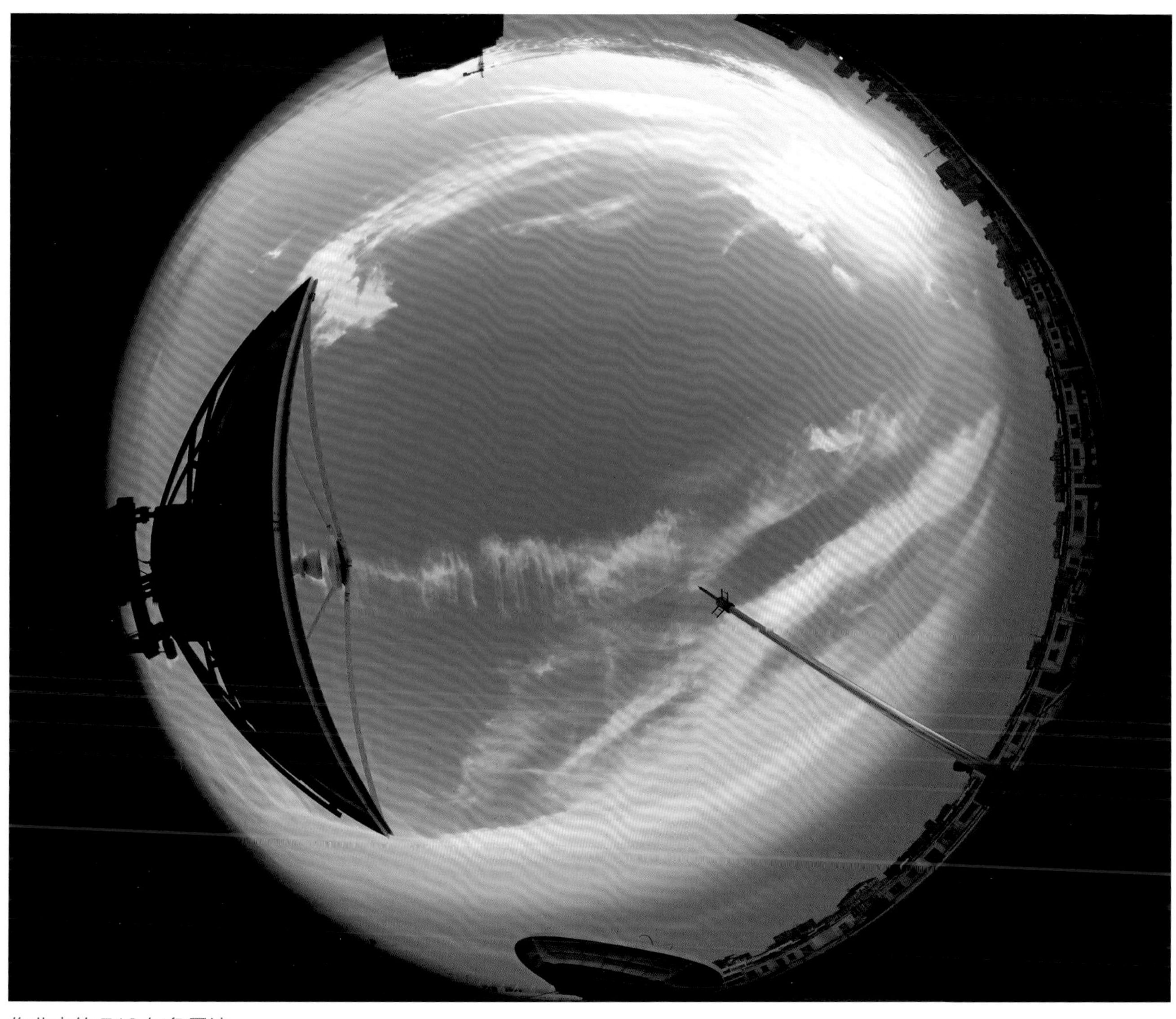

作业中的 713 气象雷达

1989 年建成的温州 714 雷达

1969 年建成使用的温州洞头 769 站 843 雷达，是浙江省第一部气象雷达

设备研发

开展新型自动化、智能化观测设备的研发。

测试中的天气现象视频智能观测仪，用于识别目前不能自动观测的天气现象、计算云量、判别云状等

测试中的气象探测无人机，可探测温度、湿度、气压、风向风速、大气成分等要素的水平和垂直分布，计算大气的 3D 状态

▶ 专业观测设备

2017 年 11 月，象山县气象局在航线上增设船舶气象站

舟山虾峙门外锚地海洋气象小浮标站

宁波凉帽山岛上矗立着高达 70 m 的输电铁塔，在它的肩膀上搭载着“气象观察哨”

浙江省建有 2 个 10 m 大浮标，图为温州海洋气象浮标

▶ 气象观测队伍

20 世纪 50 年代气象哨工作人员

2005 年 09 号台风“卡努”期间大陈岛气象观测员冒着狂风暴雨去观测

2004 年 14 号台风“云娜”期间洪家气象站工作人员顶风冒雨探空气球

2015 年台风期间淳安县气象局观测员爬上风塔调整标校风传感器

台风期间观测员固定百叶箱

装备保障队伍

1994 年 8 月 22 日，17 号台风登陆瑞安后，瑞安气象观测站值班人员在洪水中坚守观测岗位

2014 年 1 月 22 日，平湖市气象局业务人员维护太阳自动跟踪器

2018 年 3 月 26 日维护人员巡视石塘区域站，了解全市的区域站运行情况及环境

台风过后，省大气探测中心工作人员维修被水淹受损的土壤水分观测仪器

2008 年 1 月 27 日，湖州观测站测报值班员爬上 11.8 m 高的风塔清除冻结在风仪上的冰层

舟山市气象局进行远海浮标站维护工作

预报预测业务

20 世纪 50—70 年代，浙江气象预报预测以传统的经验方法为主，70 年代末开展模式输出统计等数值预报产品释用，80 年代预报业务现代化开始起步，随着气象综合探测手段和计算机技术的进步，气象监测预报预测业务现代化建设持续迈上新台阶。2010 年以来，无缝隙、精细化、网格化预报预测产品体系建设持续推进，2018 年全省无缝隙智能网格预报“一张网”业务体系基本形成，关键支撑技术研发取得明显进展，核心业务平台推陈出新，全省气象部门预报预测水平逐年提高。

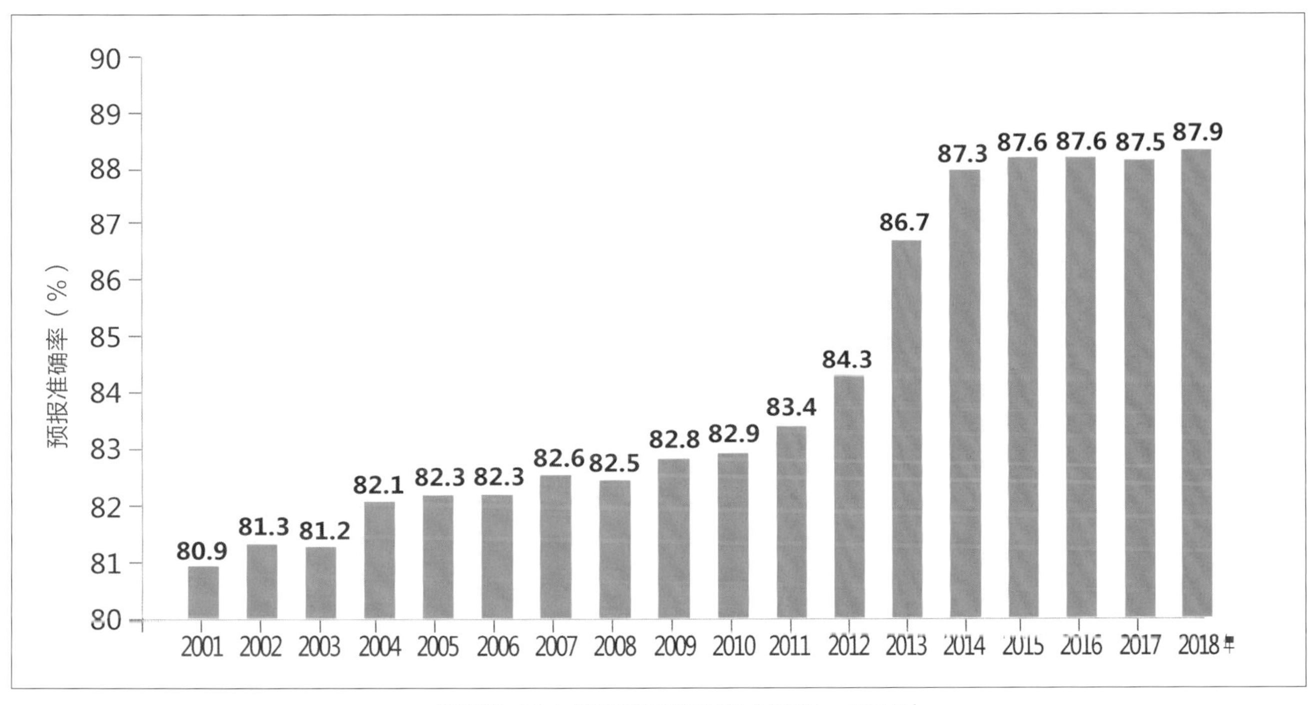

浙江省 24 h 晴雨预报准确率（2001—2018）

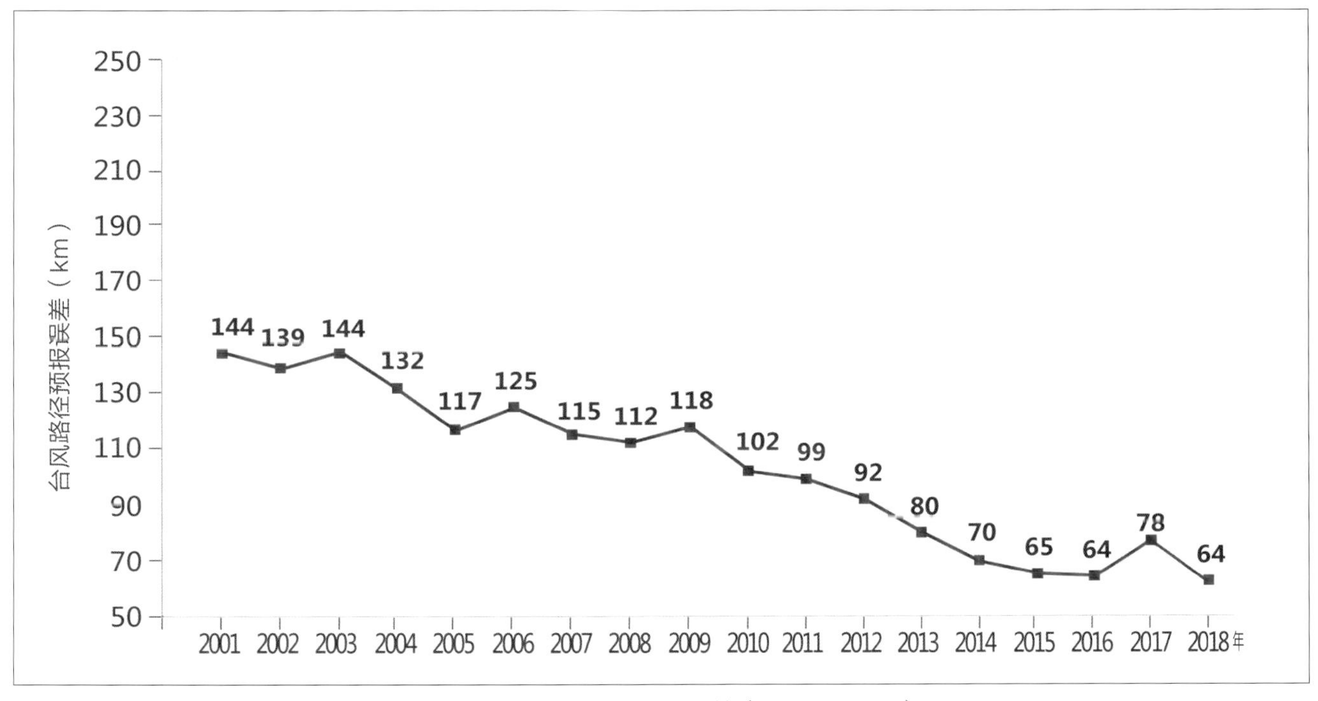

浙江省 24 h 台风路径预报误差（2001—2018）

▶ 预报工作场景

20 世纪（左）和现今（右）预报员工作场景

▶ 业务交流培训

20 世纪 60—80 年代的预报业务技术交流讨论场景

21 世纪开展业务交流和新技术新产品应用培训

▶ 预报业务平台

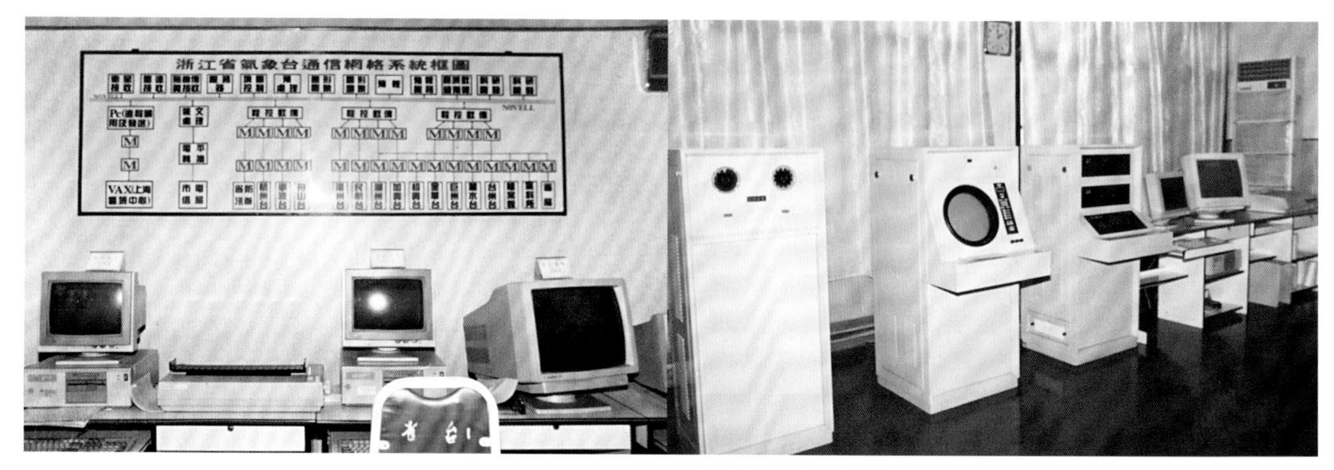

20 世纪 80 年代浙江省气象台预报业务平台

2017 年 12 月，温州市气象局现代化气象监测预报预警平台投入使用

江山市气象局监测预警业务平台

嘉兴市气象局预报服务业务平台

▶ 监测预报预测产品

多源观测信息的综合应用和现代预报技术进步，推动了无缝隙预报业务体系建设，预报领域和时效不断拓展和延伸，监测预报预测产品客观化、精准化水平稳步提高。

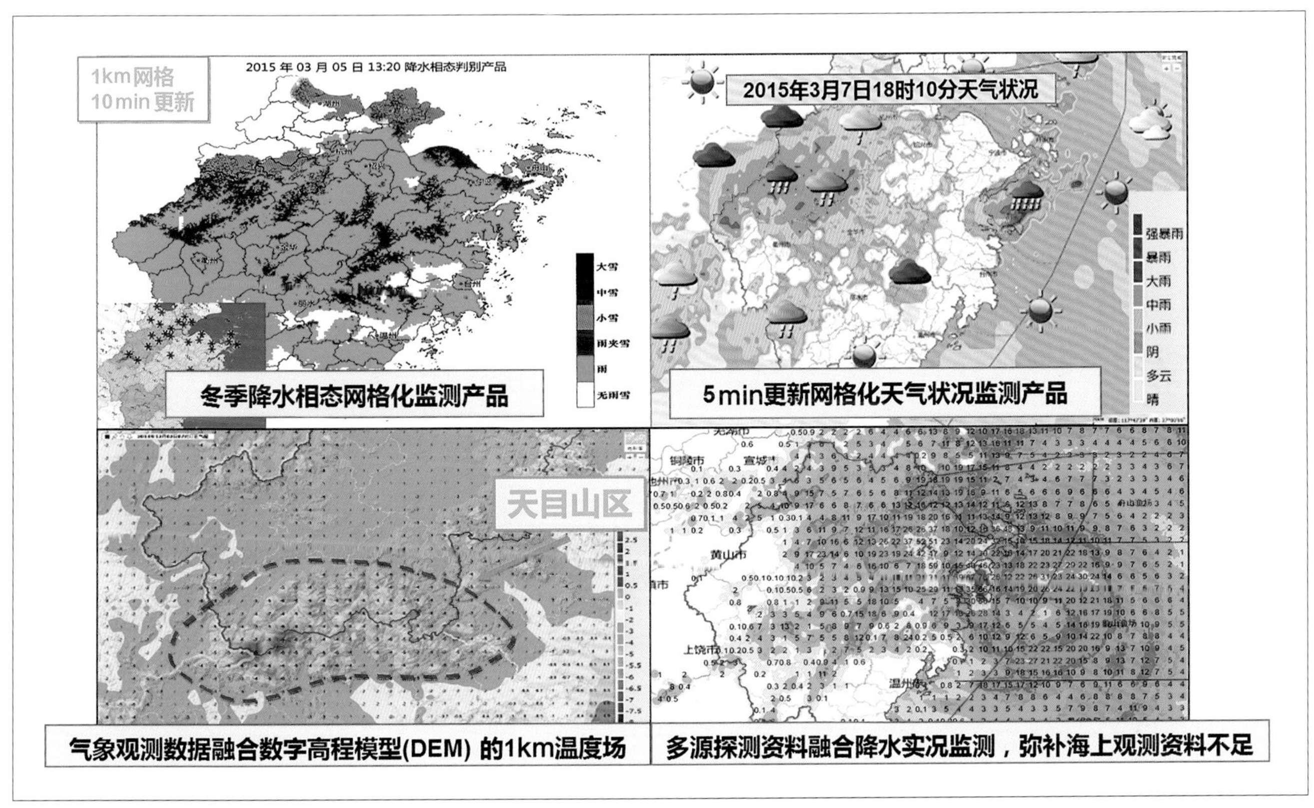

多源观测资料应用于各类监测产品

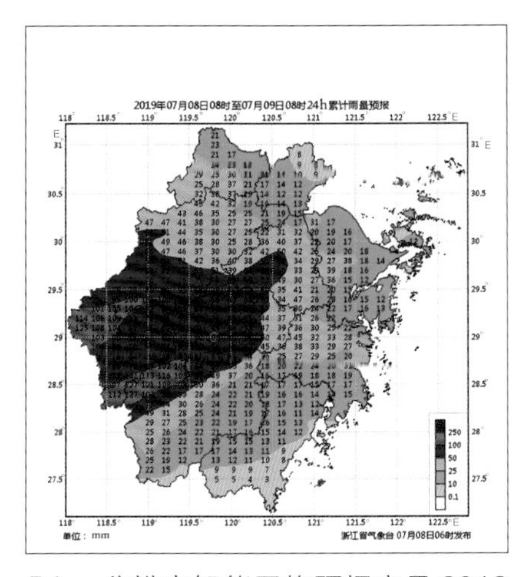

5 km 分辨率智能网格预报产品 2019 年梅汛期面向省政府领导开展决策服务

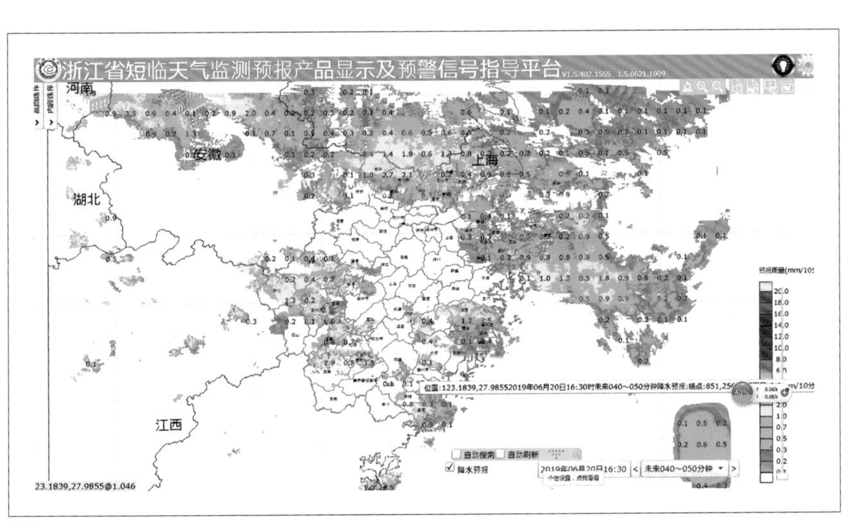

0—6 h 逐 10 min 滚动更新 10 min 间隔降水预报

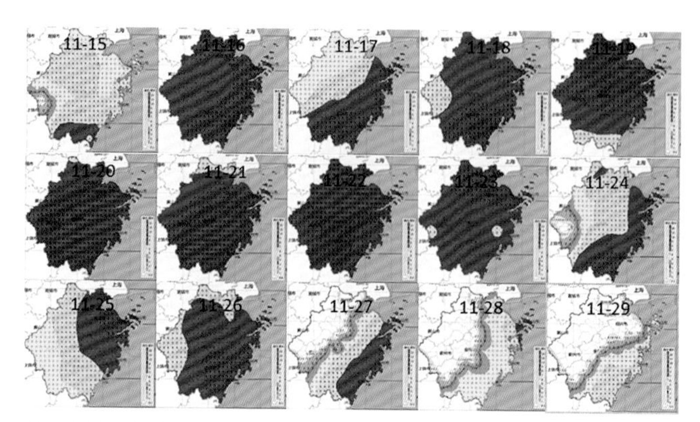

逐日更新未来 15 ～ 30 d 延伸期预报产品

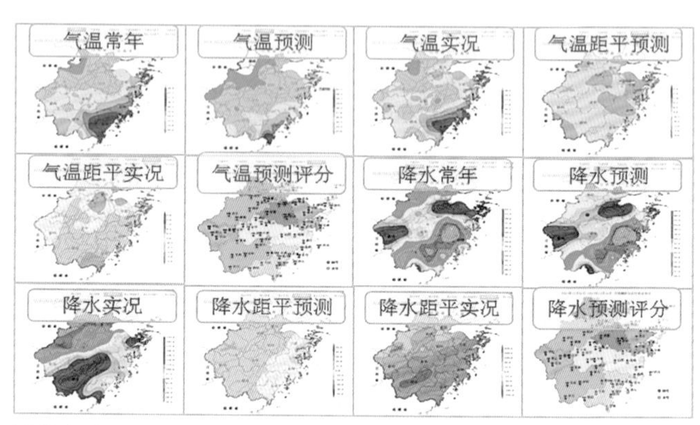

短期气候预测数字化产品

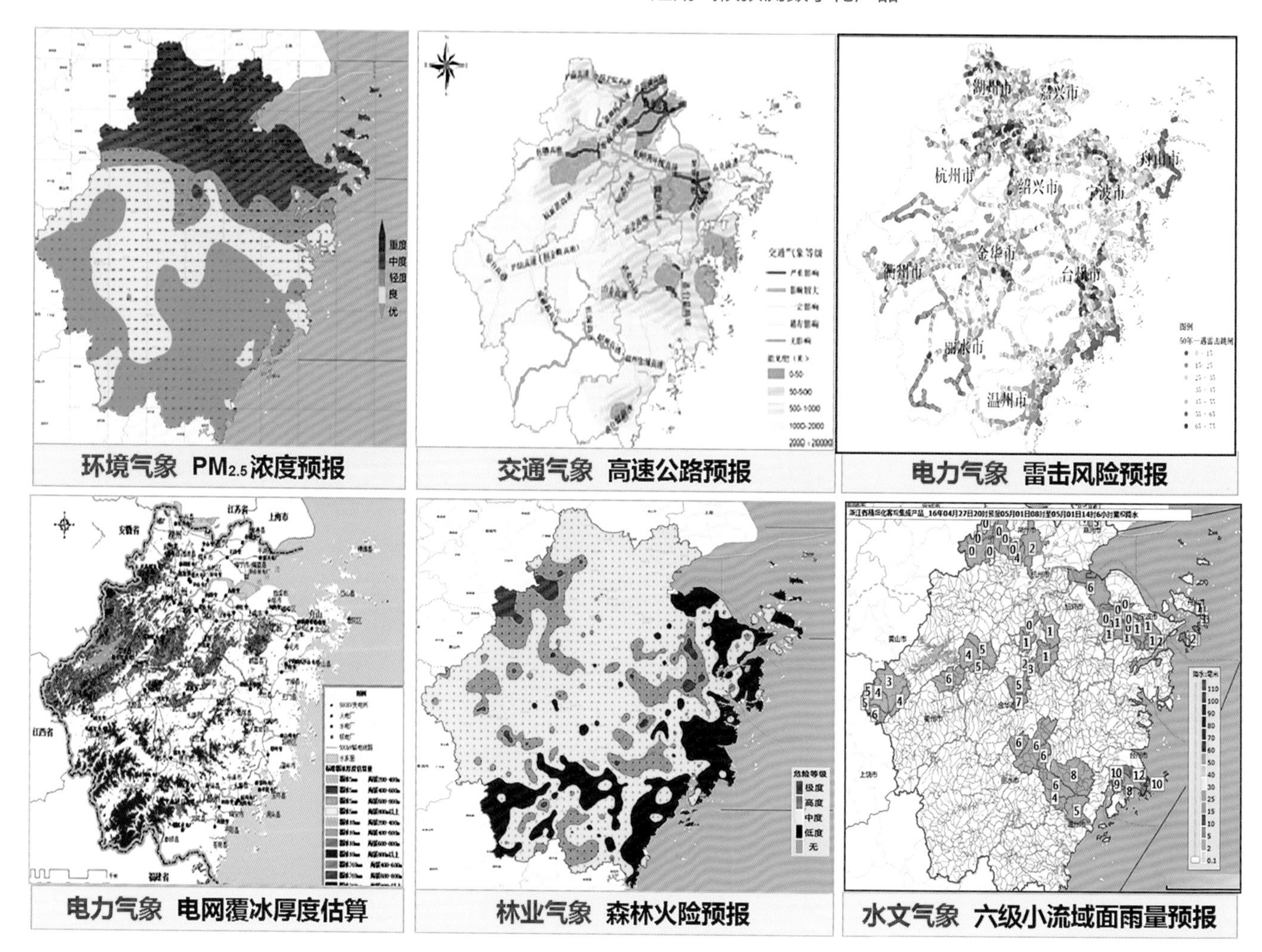

各类专业气象预报产品

▶ 预报业务系统

新技术和新资料、新方法在浙江省的天气预报预测工作得到了广泛应用，气象信息分析、加工处理能力不断提升，预报预测业务系统不断完善。

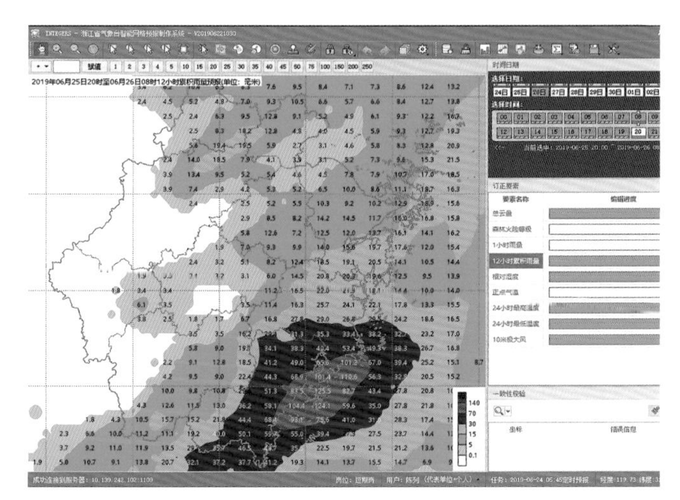

浙江省智能网格预报制作系统

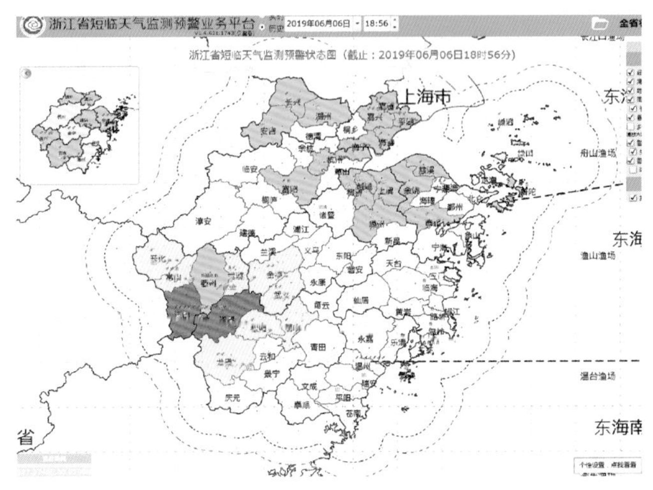

浙江省短临天气监测预警业务平台

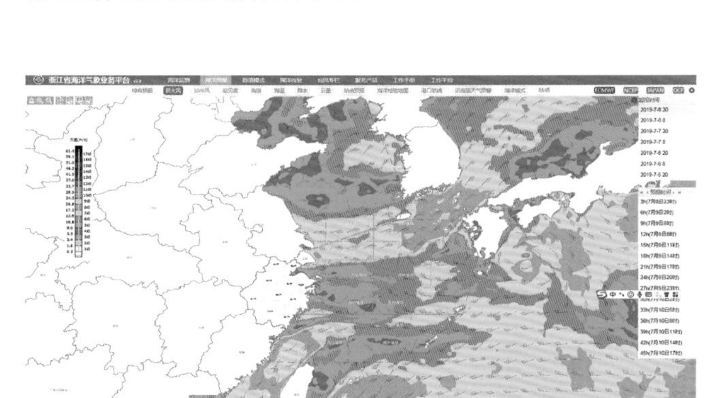

浙江省海洋气象业务平台

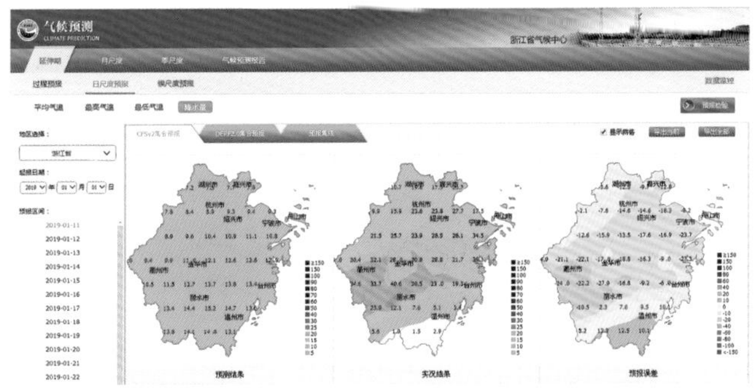

浙江省气候预测平台

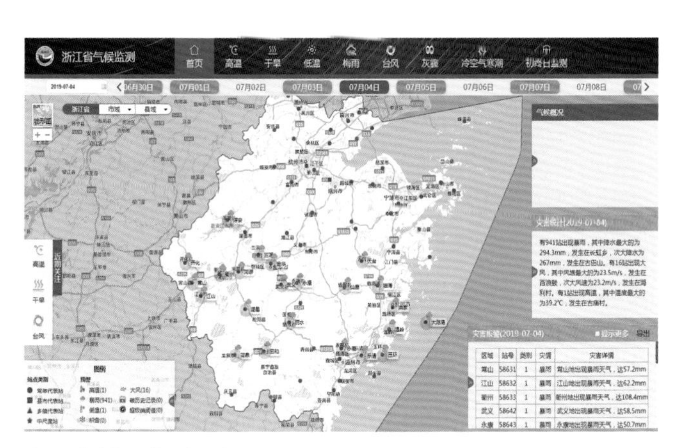

浙江省气候监测平台

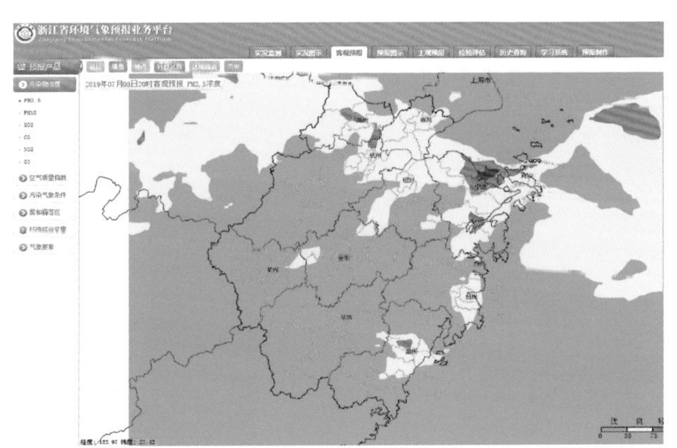

浙江省环境气象预报业务平台

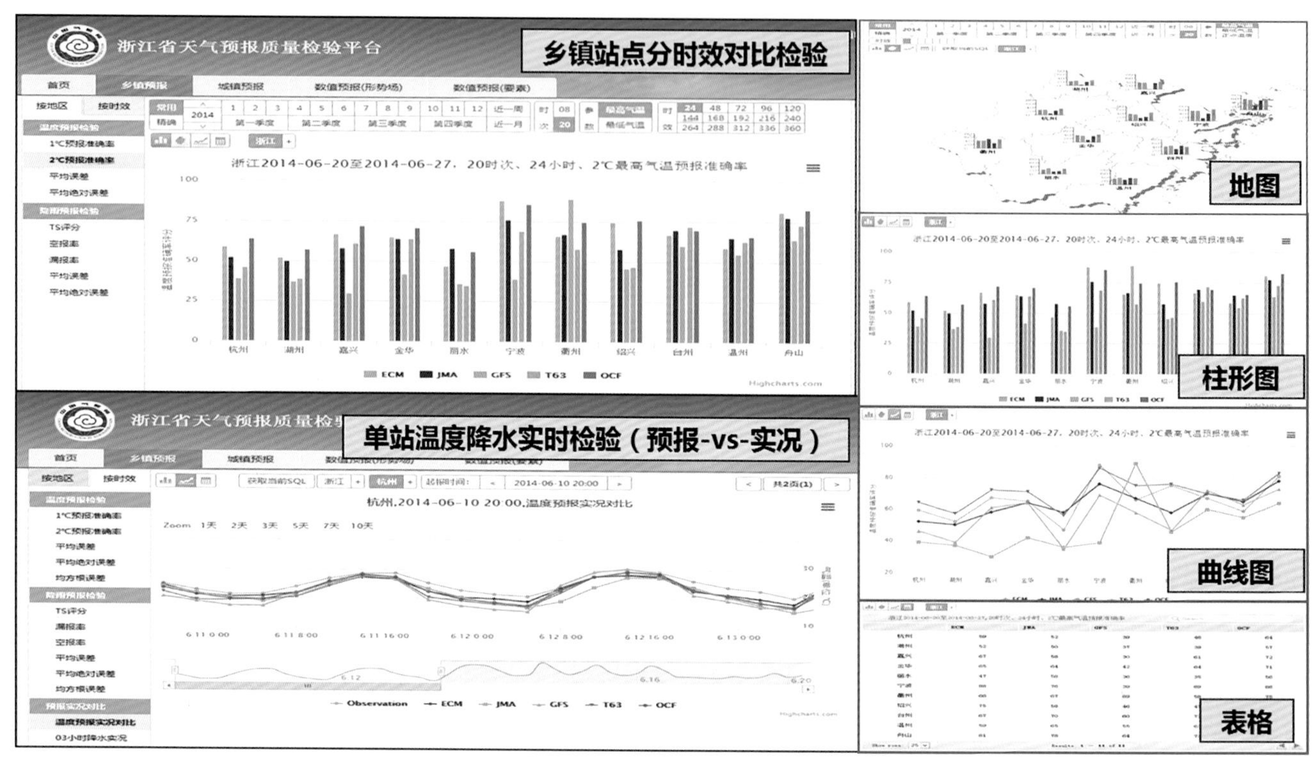

浙江省天气预报质量检验平台

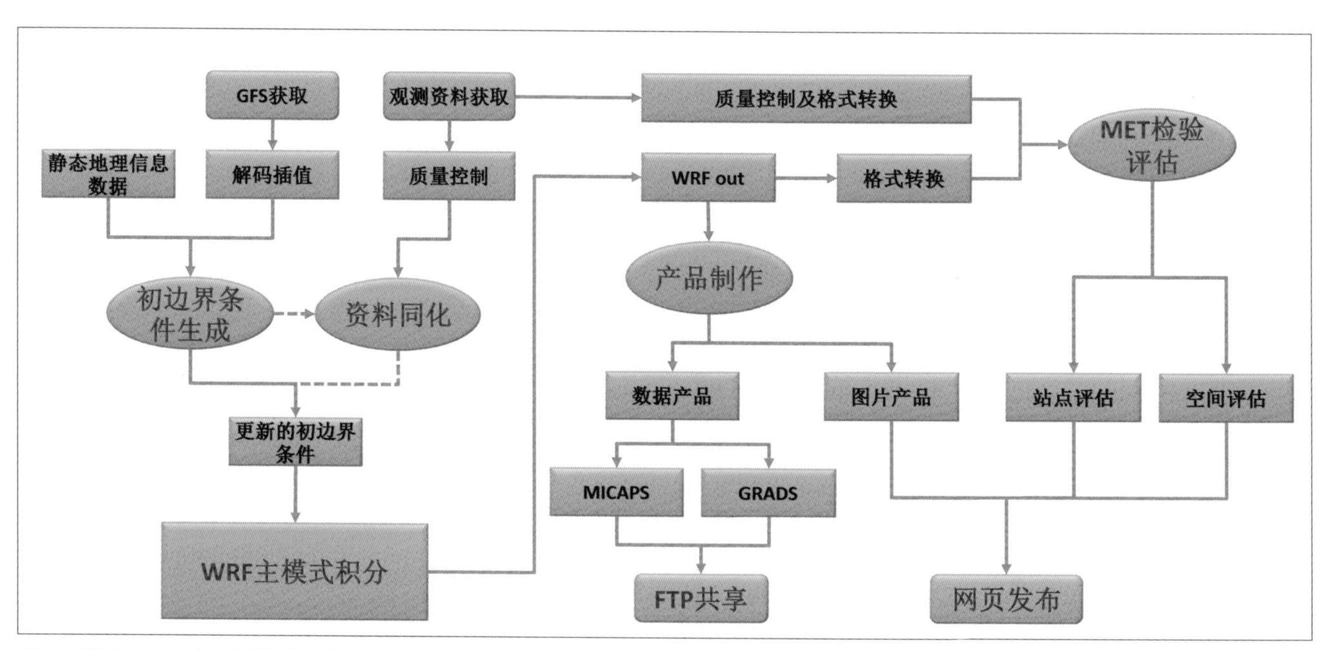

新一代浙江高分辨区域数值预报系统（ZJ-WARMS）总体流程图

气象信息系统

浙江气象通信经历了手工莫尔斯收发报、有（无）线电传自动传报、气象图文传真、计算机程控联网和卫星通信等多个时期，以高速宽带网为主的计算机互联信息化时期等发展阶段。功能上由单一的报文传输，发展到报话复用电路、数字电路程控联网、高速宽带计算机互联网络，并向数据、图像、视频综合传输方向发展。

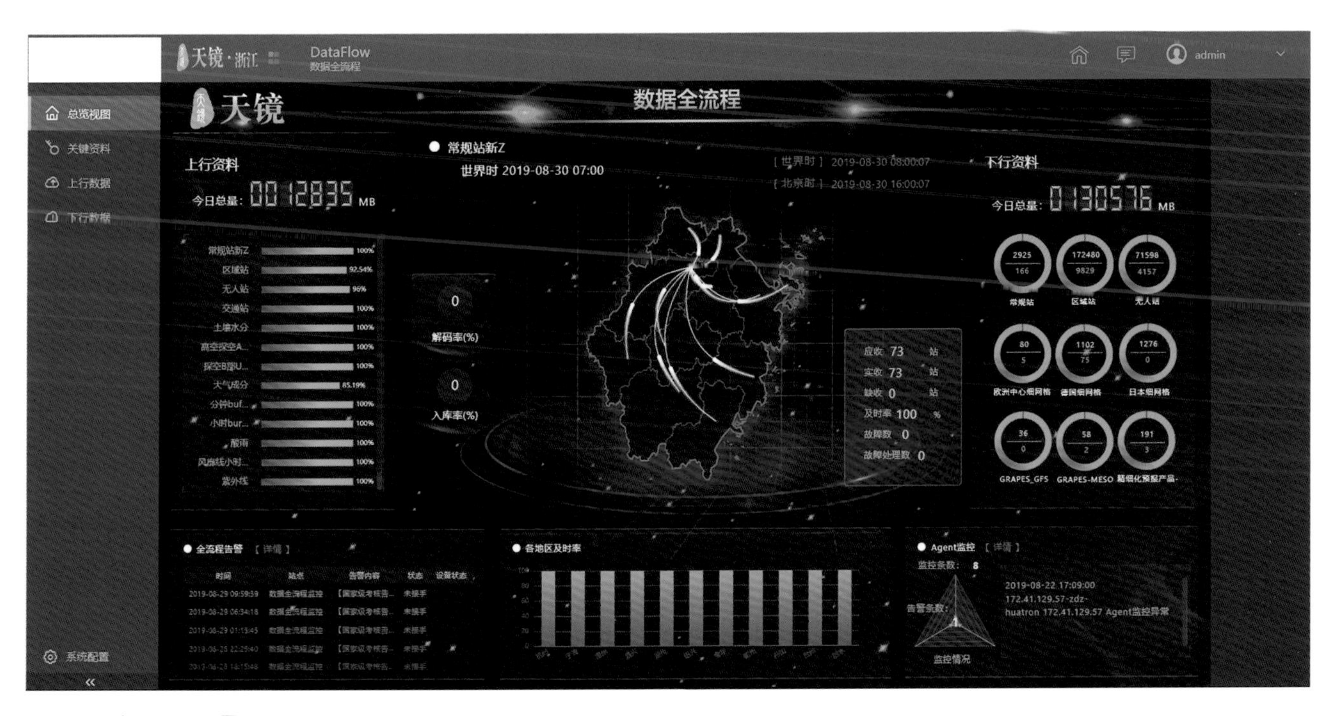

天镜·浙江监控界面

▶ 传真通信

20 世纪 80 年代早期的传真填图系统

莫尔斯手工抄报

1980 年 ZSQ-1 型气象图传真机用于接收传真图和卫星云图等，数值预报产品开始应用于天气预报业务

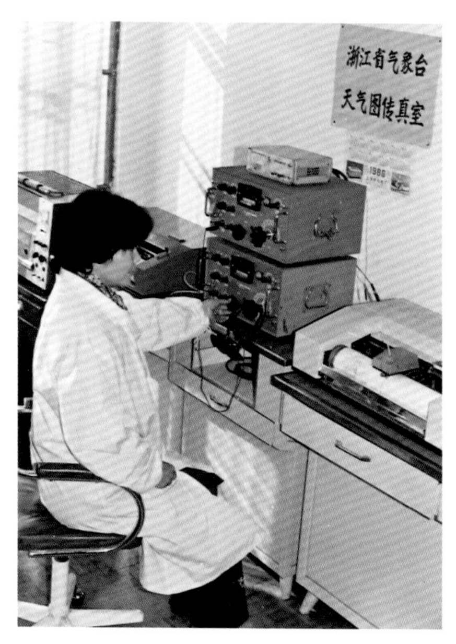

1987 年浙江省气象台天气图传真室

1987 年浙江省气象台天气图填图室

▶ 辅助通信系统

单边带电台

1980 年开始试用单边带 10 瓦电台组网，对沿海台站互通气象情报和天气会商都起到了很好作用

通过甚高频电话向县站传递 MOS 指导预报。甚高频电话改变了长期以来省一市一县不能直接对话的局面 ， 在天气会商、联防、信息传输等方面发挥了重要作用

20 世纪 80 年代浙江省气象台工作人员在自主研发的三报一台通信微波控制台前值班

20 世纪 80 年代舟山通信设备会议参会者合影

▶ 警报及会商系统

20 世纪 90 年代，用于接收预报情报等气象信息警报系统。还有许多县人民政府利用此警报系统召开电话会议部署工作，并在其他通信中断时，利用它指挥抗灾抢险工作

进入 21 世纪后，依托于信息技术发展的气象视频会商系统被广泛应用

▶ 计算机应用

杭州、宁波、嘉兴、绍兴、金华、舟山、丽水等七个市气象局和部分县站使用各种语言、计算方法开展 MOS 预报，并建立了市级和县局数据文件和资料库。

雷达观测员把回波输入 PC-1500 微机

浙江省气象局与杭州、温州等市气象局，利用 APPLE 机进行预报、测报质量业务管理

IBM-PC 微机正在制作 MOS 预报

资料室 CCS-400 机房

全省 POP 预报业务系统提供 10 月至翌年 4 月 20 个代表站点的 0 ～ 36 h 晴雨概率预报

办公自动化操作培训班

▶ 设备机房

20 世纪 80 年代配备的通信电传设备

SGI 小型计算机

1997 年影视机房

省气象信息网络中心监控平台

21 世纪初数据机房

宁波市气象局 IBM Flex 高性能计算机

湖州市气象局机房

省气象科学研究所高性能计算机

气象科技篇

新中国成立后，浙江省气象部门坚持立足于发展需求，加强科技研发和科技合作，气象科技创新能力不断提高。集约科技资源，加大投入力度，加强科技队伍建设，推进创新基地改革，形成 9 支省级创新团队；以发展“智慧气象”为导向，开展技术开发和推广应用，形成一批优秀成果；筹建中国气象科学研究院浙江分院，推进气象科技研发和成果转化。拓展合作交流，通过选派访问学者、项目合作等途径，与国内外气象机构和大学形成良好互动，促进科技进步。创新气象科普内容和形式，联合科技、民政、教育等相关部门，推动气象科普知识进学校、乡镇、社区和各行各业。

科技发展

浙江省气象局立足浙江经济社会发展需求，加强科技研发和科技合作，持续打造具有影响力的省级气象科技创新团队，推进机制创新及全省气象科技研发和成果转化的科技创新平台建设，不断提高气象科技创新能力，气象科技工作取得了长足发展。

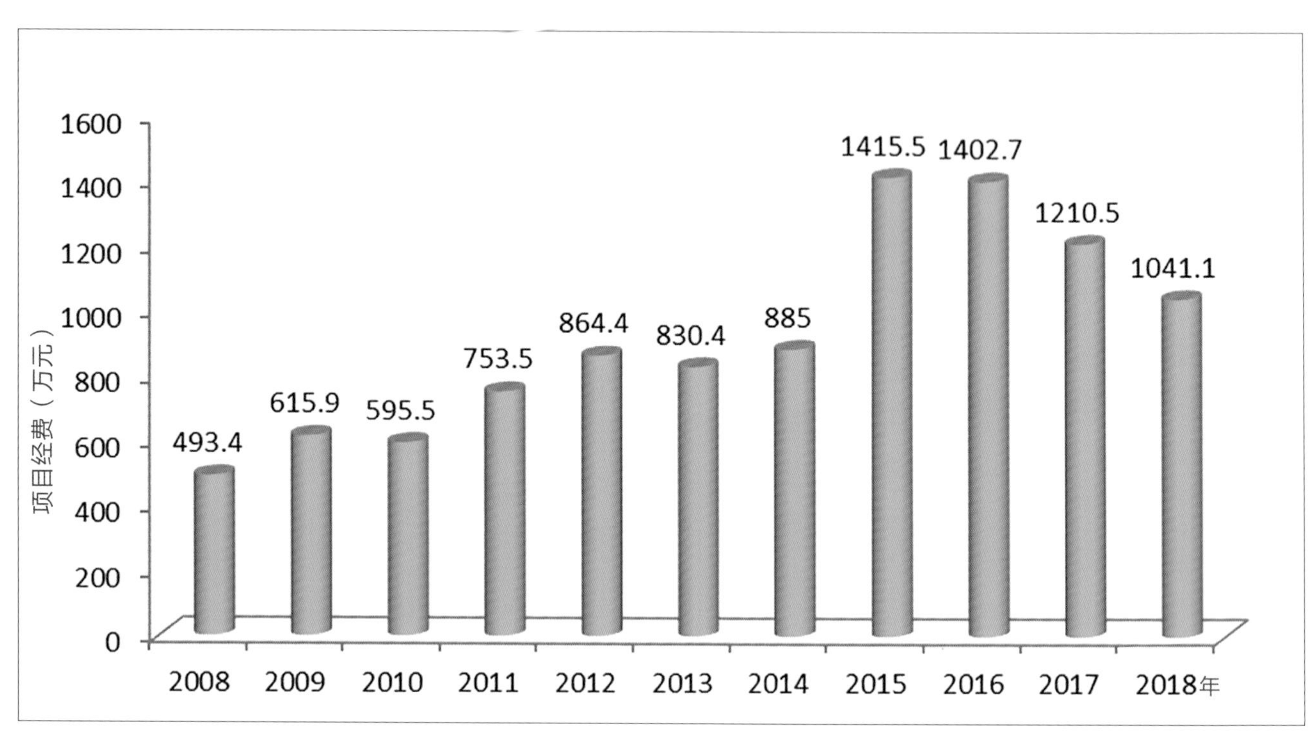

浙江省气象部门 2008—2018 年科研项目经费投入

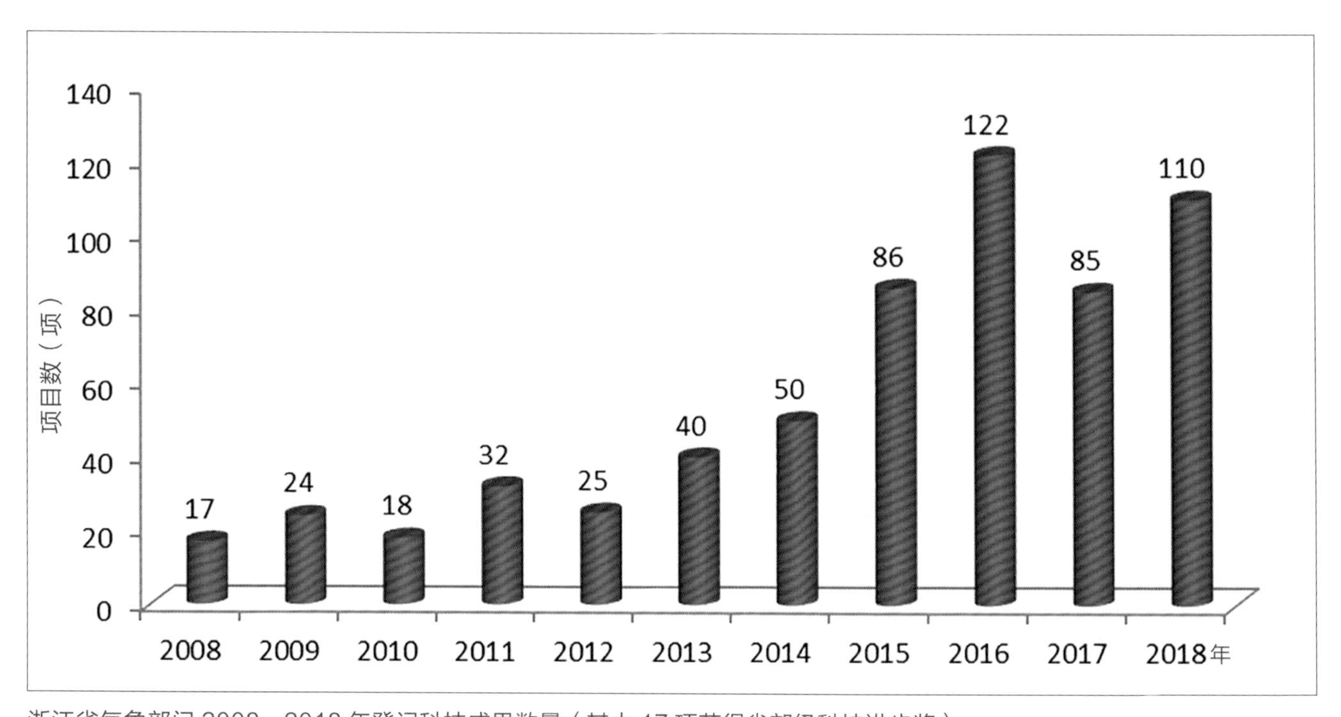

浙江省气象部门 2008—2018 年登记科技成果数量（其中 17 项获得省部级科技进步奖）

▶ 科技创新体制机制

2010 年开始多方共同筹建中国气象科学研究院浙江分院，作为浙江气象科技创新的重要平台和载体。

2010 年 12 月，浙江省气象局与中国气象科学研究院签署共建中国气象科学研究院浙江分院合作协议

即将建成的中国气象科学研究院浙江分院

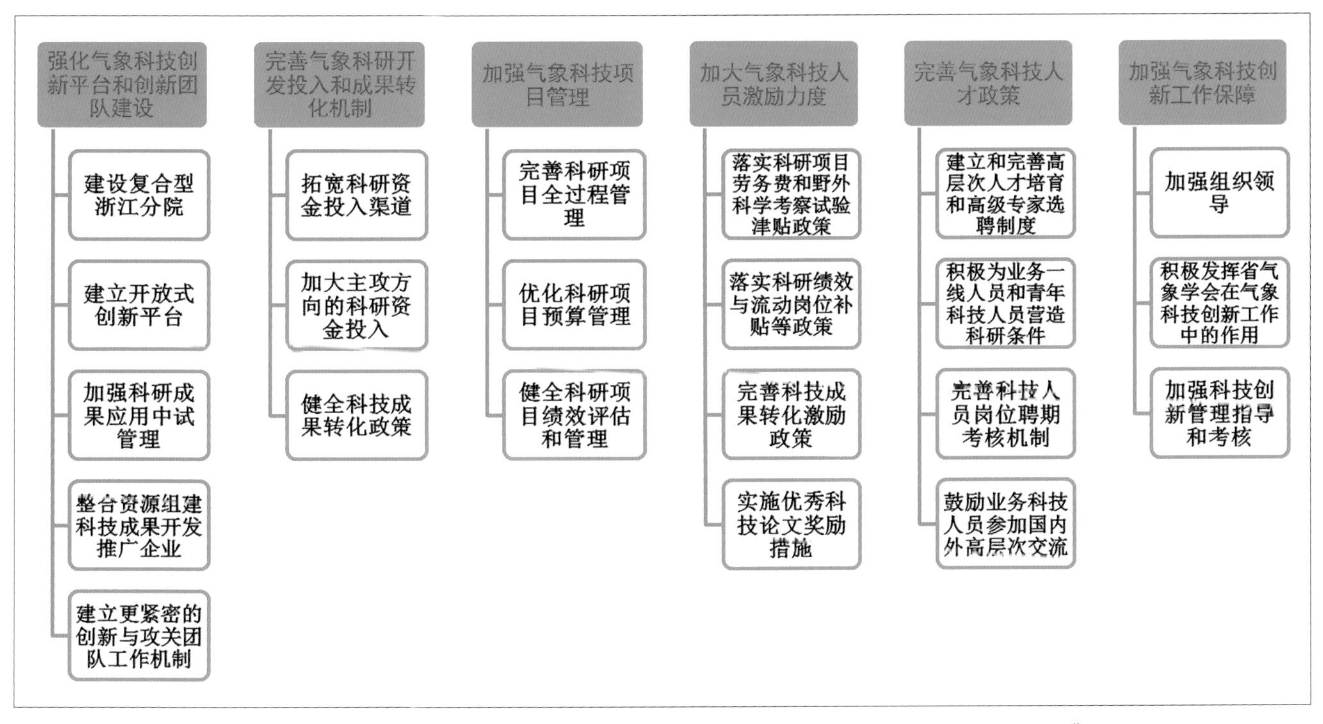

2017 年，浙江省气象部门印发《关于增强气象人才创新活力推进气象科技创新体系建设的实施意见》，提出 2018—2022 年科技创新体系建设的 6 个领域 22 项主要任务

▶ 科技活动

2006 年 10 月，美国西北太平洋实验室（PNNL）气候变化影响评估专家赴临安开展科学研究

2006 年 11 月 6 日，16 位外国专家到临安大气本底站进行科学研究

杭州市气象局大气环境实验室

慈溪农业气象试验基地工作人员正在进行果实酸度测定

海上观测试验

1958 年农业气象观测实验

20 世纪 80 年代海上大风对比试验测试

▶ 科学试验基地

临安大气本底站位于浙江省杭州市临安区境内，由中国气象局于1983年按照世界气象组织（WMO）区域本底站的选址标准和建设要求建立，2005年入选国家野外科学观测研究站

临安大气本底站在线观测设备

临安大气本底站采样平台

杭州市气象局雾霾温室气体监测站

▶ 科技合作

第二届亚洲 THORPEX 科学研讨会暨 THORPEX 亚洲区域委员会第六次工作会议在杭州召开

中国气象局与浙江大学签署局校合作协议

2016 年 12 月，中国气象局上海台风研究所温州台风预报技术应用联合实验室揭牌

南京信息工程大学在新昌建立博士生科研基地

2019 年 4 月，伍荣生温州气象院士工作站揭牌仪式

2015 年 9 月，衢州市气象局与中国科学院大气物理研究所签订合作协议，共建暴雨和强对流联合研究试验基地

2008 年 4 月，丹麦西兰岛大区主席艾本斯高一行来访

2018 年 7 月，浙江大学和浙江省气象局科教融合、协同创新协议签署暨浙江大学科教协同基地揭牌仪式

浙江省气象局与韩国釜山地方气象厅自 1998 年签署双边合作备忘录以来连续 21 年开展双边互访活动。双方在气象观测、天气预报技术、公共气象服务方面开展了广泛的交流合作，取得了较好的成果。

2019 年 5 月 21 日，釜山地方气象厅代表团访问浙江省气象部门，签署了第 24 次双边合作会议纪要

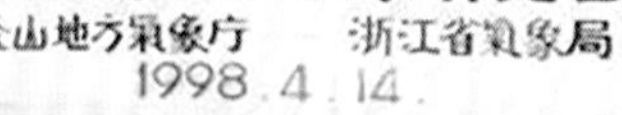

2004 年 11 月 2 日，第三届国际季风研讨会在杭州召开

2012 年，世界气象组织台风委员会第 44 次届会在杭州召开

2015 年 1 月 20 日，高影响天气研究国际研讨会在宁波召开

2017 年 9 月 26 日，全球气候观测系统 GCOS 国际会议在杭州召开

▶ 科技成果与奖励

温州市气象局研制的双阀容栅式雨量计

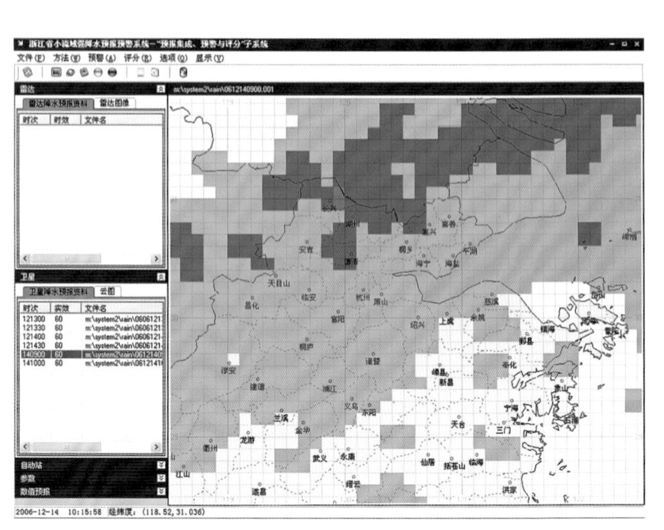
小流域强降水预报预警技术

森林火险预报服务技术

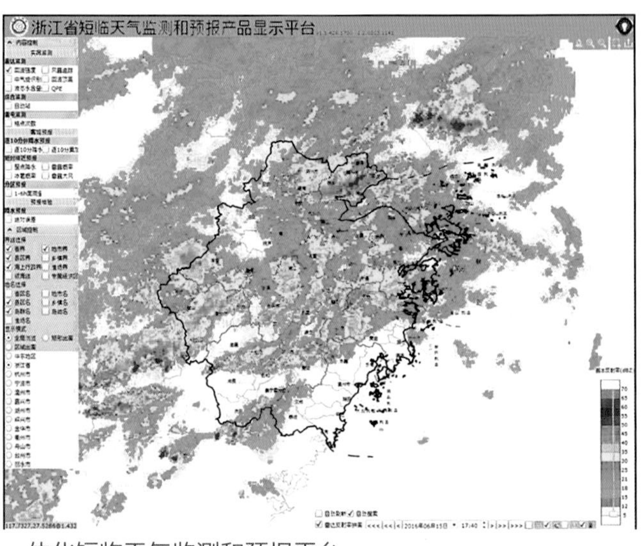

一体化短临天气监测和预报平台

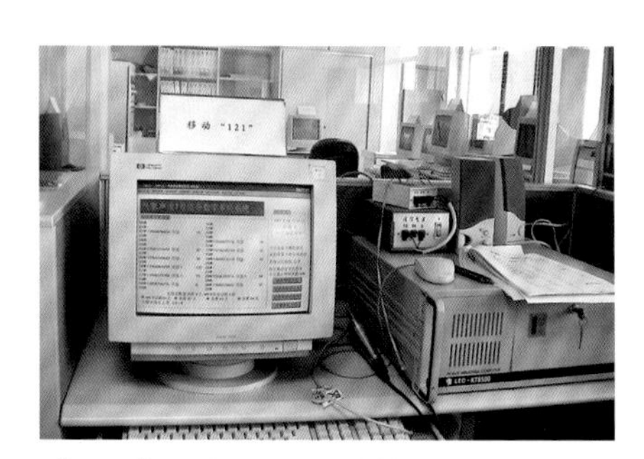
“121”天气预报自动答询服务系统

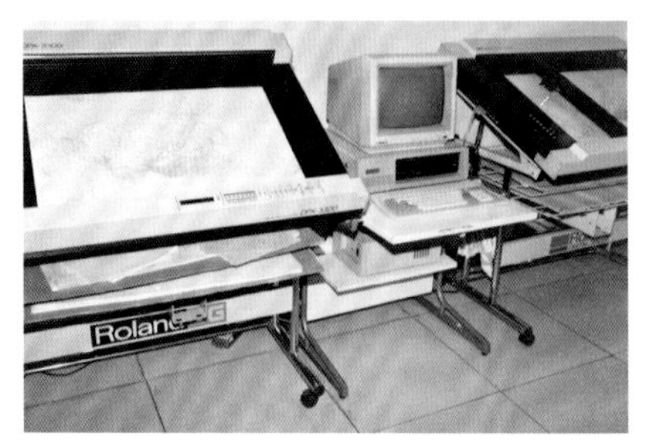
自动填图系统

可视天气会商系统

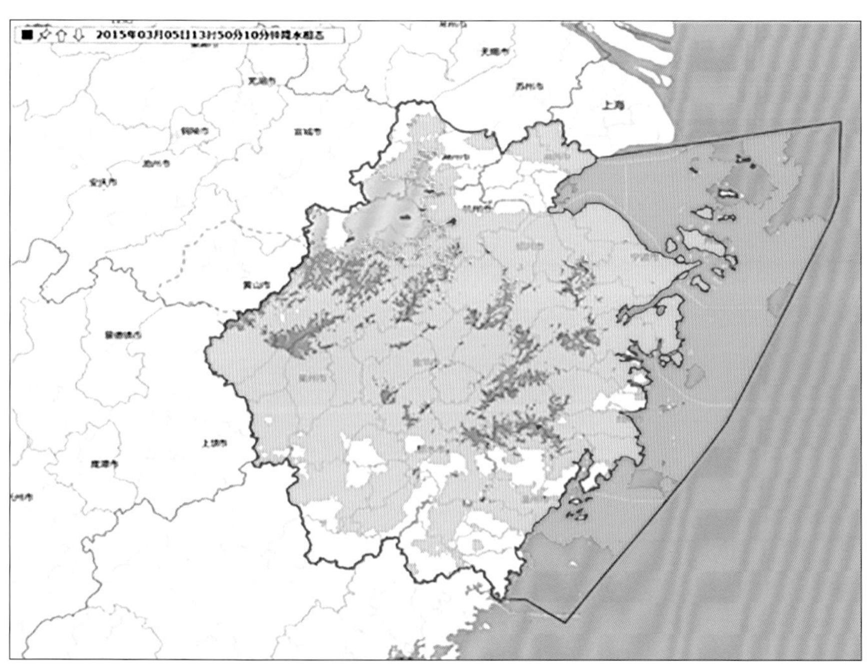

网格化冬季降水相态识别监测产品

高空气象探测“59 － 701”微机数据处理系统在全国推广应用

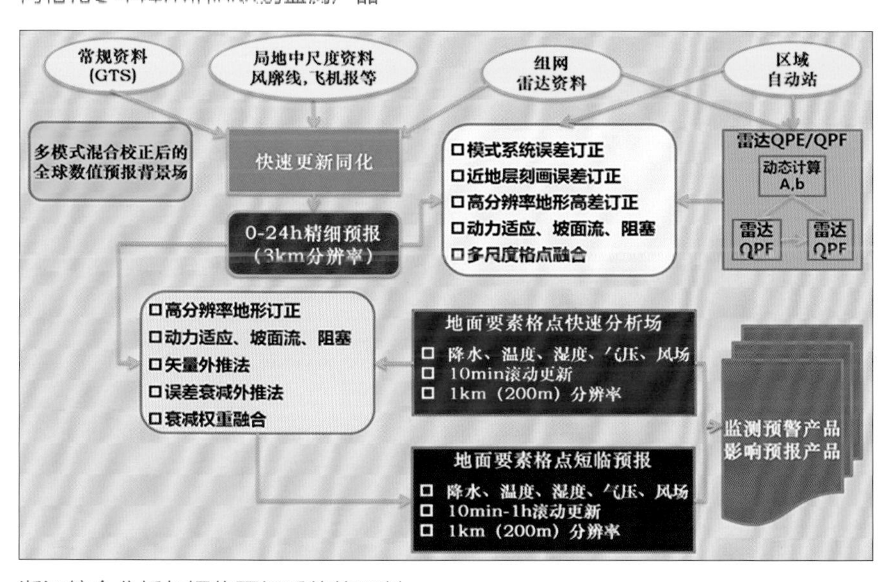

浙江综合分析与短临预报系统的研制

浙江气象学术期刊于 1979 年创刊，至今已出版 162 期

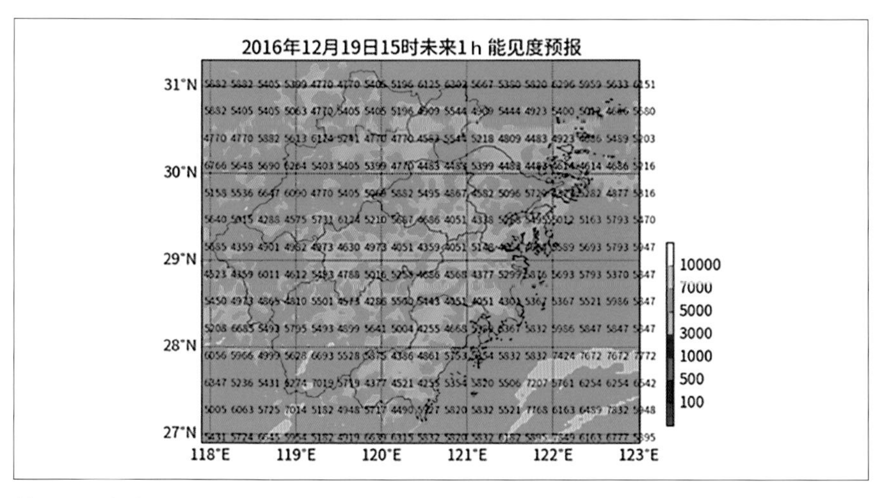

基于人工智能的能见度预报产品

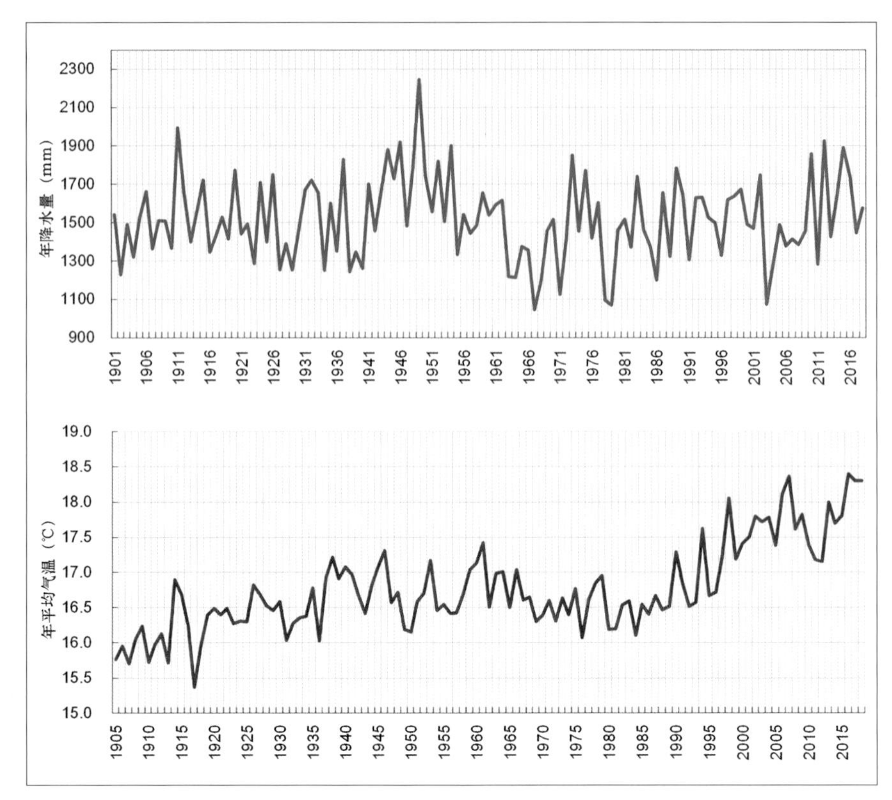

浙江省百年降水和气温变化

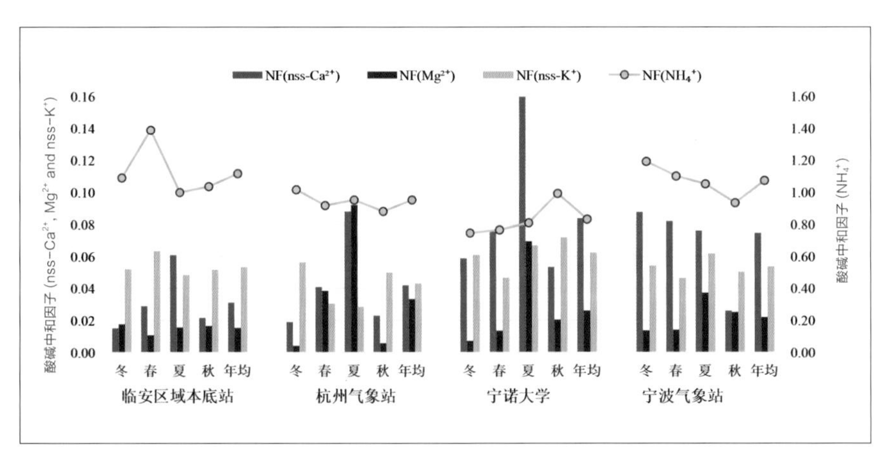

长三角地区气溶胶组分特征研究

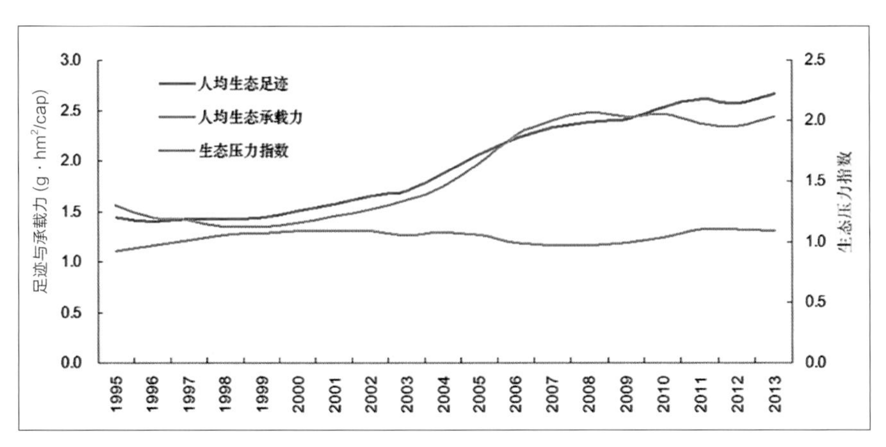

浙江生态承载力评估研究

据不完全统计，2006 年以来浙江省气象部门共有 14 人次荣获农业科技突出贡献者和先进工作者称号。图为 2016 年省委书记夏宝龙等省领导接见获奖代表合影留念

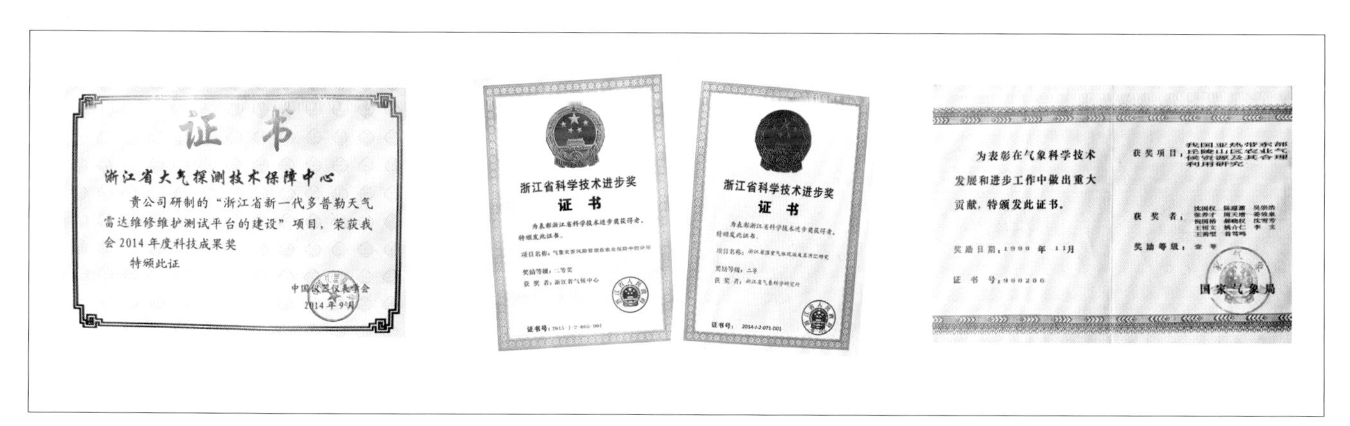
证书

浙江省大气探测技术保障中心

贵公司研制的“浙江省新一代多普勒天气雷达维修维护测试平台的建设”项目，荣获我会 2014 年度科技成果奖

特颁此证

中国仪器仪表学会

2014 年 9 月

浙江省科学技术进步奖

证书

为表彰浙江省科学技术进步奖获得者，特颁发此证书。

奖励等级：二等奖

获奖者：浙江省气候中心

浙江省科学技术进步奖

证书

为表彰浙江省科学技术进步奖获得者，特颁发此证书。

奖励等级：二等

获奖者：浙江省气象科学研究所

为表彰在气象科学技术发展和进步工作中做出重大贡献，特颁发此证书。

获奖项目：我国亚热带东部丘陵山区农业气候资源及其合理利用研究

奖励日期：1990 年 11 月

证书号：900206

国家气象局

1978—2018 年，全省气象部门共获得省部级科技成果奖 103 项，上图为部分气象科研获奖证书

1985—1989 年，中国科学院、浙江省气象局、湖北省气象局等单位合作进行中国近千年气候变化课题研究。2005 年 12 月该项目获得中国气象局气象科技研究开发奖一等奖

浙江省气象局选派气象科考队员赴南极工作。图为 2015 年 4 月，气象科考队员在南极进行测量臭氧总量的月光观测

人才队伍

70 年来，浙江省气象局始终高度重视人才工作，加强队伍建设，实施人才工程，组建省级创新团队，建立健全人才制度，加强人才培训，不断完善人才培养体系。全省气象人才队伍整体素质不断提高，专业结构不断优化，知识层次明显改善，造就了一支结构合理、素质较高的基本适应气象事业发展的人才队伍。

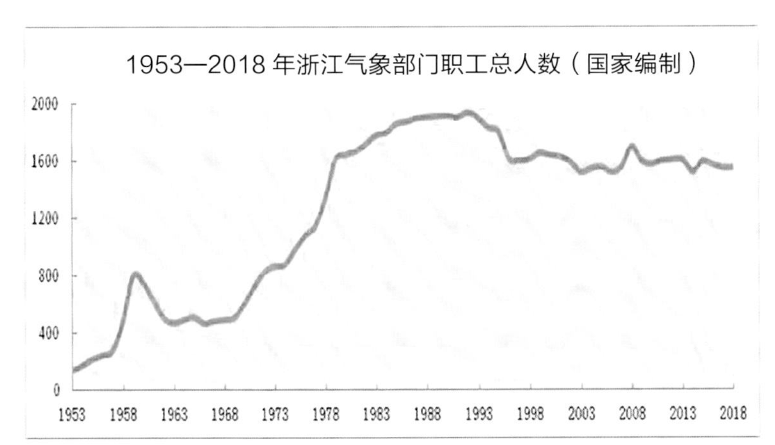

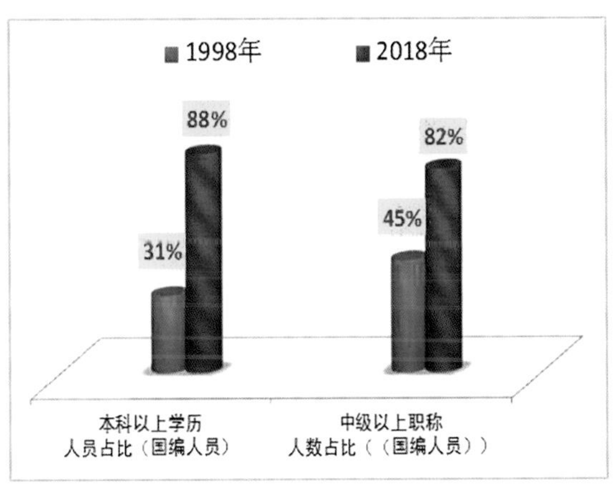

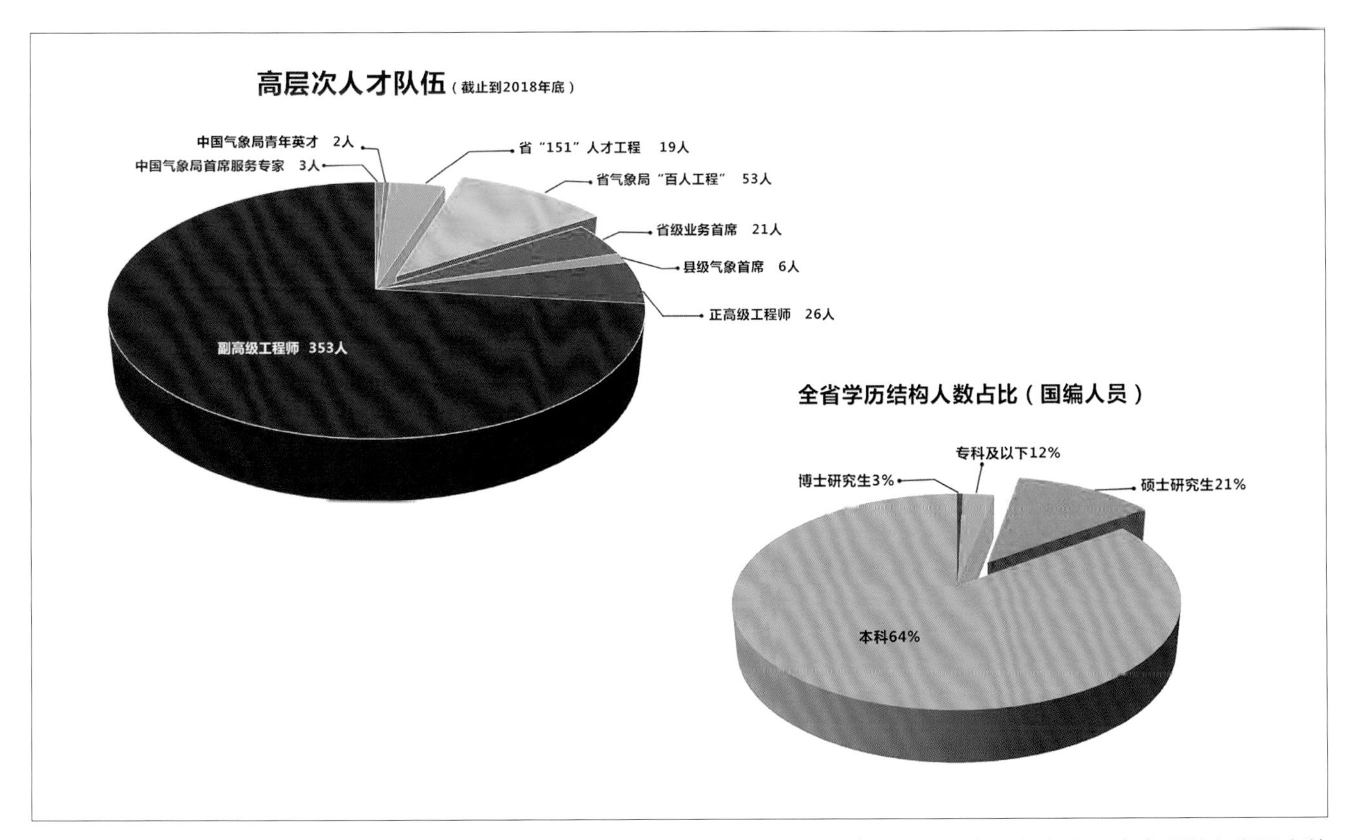

20 世纪 70 年代至 90 年代初期浙江省气象部门职工总数快速增长。从 1998 年至 2018 年，气象队伍中本科以上学历人数占比提高了 57 个百分点。高层次人才队伍显著提升

▶ 创新团队建设

通过创新团队的建设加快培养、造就我省研究型业务领军人才，带动学科的交叉融合与人才资源的整体开发，大力提升了我省气象业务科技的核心创新能力。

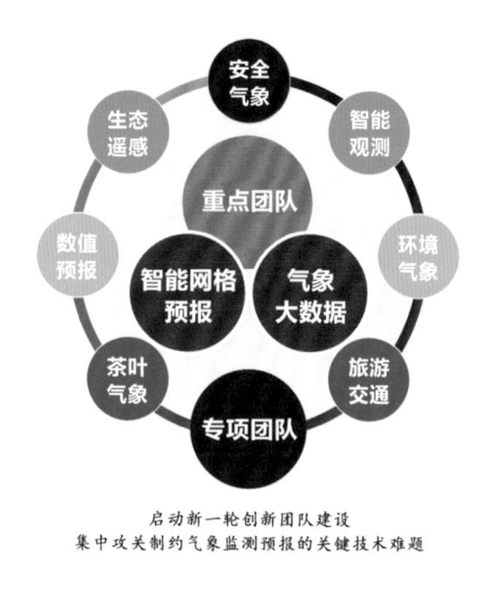

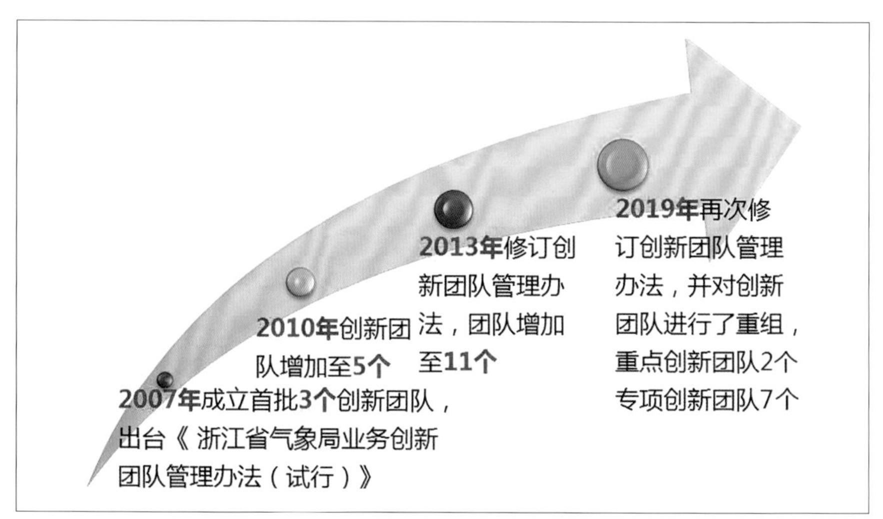

浙江省气象局科技创新团队建设发展历程

2019 年，省气象局向新组建的创新团队负责人颁发聘书

▶ 人才工程建设

2014 年起省气象局实施“气象百名优秀科技人才工程”（简称百人工程）和“县级综合气象业务技术带头人”（简称县级首席），狠抓高层次人才、业务骨干人才、青年科技人才和业务一线人才的培养。经过多次选拔，目前全省共有百人工程入选人员 53 人，县气象首席入选人员 6 人。

入选“百人工程”人才述职

强对流与短临预警技术团队召开技术交流会

人才培养

气象人才教育培训工作是提高气象队伍素质，改善知识结构，适应气象事业发展需要的战略性任务。浙江气象教育与培训工作是随着新中国气象事业的发展而发展起来的。2000年后重点加强了研究生层次的学历教育。坚持抓好省、市、县三级专业技术和管理人员的岗位技能培训和新业务、新技术的继续教育工作，培养了大批专业技术和管理人才。

1980年报务训练班

浙江气象学校85届中专毕业班

1996年浙江省气象学会学术交流会

1982在杭州召开国际气象组织台风预报讲习班

业务技能培训

预报员上岗培训

2011 年，荣获全国气象行业测报竞赛团体第一，个人单项第一等多个荣誉

2015 年 1 月 15 日，荣获全国气象行业职业技能竞赛团体第一

自 2007 年以来，每年举办浙江省气象行业技能竞赛

▶ 交流访问

1995 年赴泰国进行科研课题交流访问

业务人员到中央气象台、上海、广东、北京、江苏等地学习，同时，中央气象台、华东区域中心的领导和专家多次赴浙江省气象部门帮助指导

气象科学普及

70年来，浙江省气象科普设施不断健全，打造了杭州气象科普体验馆、中国台风博物馆、绍兴竺可桢纪念馆等一批精品气象科普馆；校园气象科普不断深入，成立了全国首个校园气象协会，组建校园气象网，建立校园气象站260个；气象科普不断向基层延伸，通过开展形式多样、内容丰富的活动深入推进气象科普进学校、进农村、进社区、进企事业单位。

竺可桢是浙江省绍兴县东关镇（今属浙江省绍兴市上虞区）人，是中国近现代气象学的奠基者

1998年12月13日，竺可桢纪念馆开馆仪式在绍兴市气象局举行

▶ 科普设施建设

“竺可桢纪念馆”馆名由中国气象局原局长邹竞蒙题写。馆内安放竺可桢先生半身塑像，馆内以橱窗陈列为主、平面陈列为辅，收集展出了竺可桢生平活动照片 200 多幅、著作等文献资料 500 余册、各种用品实物 28 件，重点展示了竺可桢对中国近现代气象事业做出的重大贡献。

2007 年 3 月 23 日，绍兴市安培小学学生参观竺可桢纪念馆

重新整修的竺可桢纪念馆于 2009 年 3 月 23 日世界气象日重新开放

2003 年，我国首个以台风为主题的气象灾害体验型科普博物馆在浙江舟山岱山县开馆

中国台风博物馆二期被誉为“孩子们的气象科普乐园”

2019 年 12 月建成的省科技馆气象科普主题馆

建立于 2009 年的杭州气象科普体验馆

2009 年 7 月 10 日，台州建成全国首座台风登陆地点标志物——“9015”号台风登陆地点标志物

宁波象山县“八一台风纪念碑”

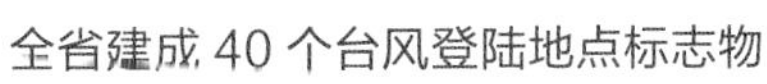
全省建成 40 个台风登陆地点标志物

▶ 气象科普进机关

2014 年 3 月 18 日，应浙江省委党校邀请，省气象局局长黎健为 100 余名学员作 “气候变化、防灾减灾与科学发展”的专题报告

2019 年 6 月 13 日，省气象局局长苗长明为瑞安市委理论学习中心组作气象防灾减灾专题讲座

▶ 气象科普进校园

2010 年 5 月 12 日，中国气象局党组书记、局长郑国光亲自为浙江省岱山县秀山小学红领巾气象站题词

秀山小学校园气象防灾减灾科普活动现场

校园气象站揭牌仪式

校园气象活动

2019 年萧山区首届校园气象节活动开幕式

《天上的云》在第三届全国气象科普作品观摩交流活动中荣获图书类优秀作品奖

小学生认真阅读《中小学气象灾害避险指南》

▶ 气象科普进农村

大力推进气象科普进农村工作，近年来，结合各地“农村文化礼堂”建设，积极将气象元素融入其中，目前，全省已建成农村气象科普点 371 个。

2019 年世界气象日期间，村民在文化礼堂收看气象科普视频

2018 年台州温岭市沈岙村建成首个“五有标准”农村文化礼堂气象科普园

2019 年 12 月宁波海曙区古林镇龙三村建成农村文化礼堂室内气象科普馆——农耕气象馆

老气象工作者编写的气象科普历书

三门县盖门塘文化礼堂气象科普点

▶ 气象科普进渔村

中国台风博物馆气象科普志愿者、浙江省岱山县长涂镇气象协理员指导渔民科学防灾

2011 年 7 月 21 日，气象志愿者深入衢山岛为渔民老大传授海上大风科学防御知识

2014 年 3 月 6 日，气象志愿者为长涂镇渔嫂普及海岛气象灾害防御知识

▶ 气象科普品牌

全省气象部门每年围绕“3 · 23”世界气象日、“5 · 12”防灾减灾日及科技周等主题日，通过气象开放日、各类科普竞赛、科技展览等形式多样的气象宣传科普活动，打造气象科普品牌。

▶ 融媒体气象科普

融媒体时代背景下，浙江省气象局致力推进传统媒体与新兴媒体深度融合创新，多角度、多形式、多平台、多渠道做好气象科普工作。

近年来，每年面向全省气象科普工作者和志愿者开展气象科普讲解大赛，并积极参加全国气象科普大赛，多名选手获全国优秀科普讲解员称号，用通俗易懂的语言普及气象科学知识

2018 年“3·23”世界气象日，宁波市鄞州区钟公庙街道安泰社区的 50 余名社区居民参观宁波（鄞州）气象科技馆，感知气象现代化科技成果

气象管理篇

在人力推进气象现代化建设、提升气象业务服务能力的同时，气象部门全面加强体制改革、队伍建设、法制建设等各项管理工作。70 年来，几经探索几经曲折，浙江省气象部门管理体制不断优化，财政保障机制进一步完善，人才队伍不断壮大，依法行政不断取得新进展，管理工作逐步向科学、规范、精细发展，为浙江气象事业长足发展提供坚强保障。

管理体制机制

从军事系统建制到转入政府系统，几经曲折，再到实行双重领导、双重财务体制，随着气象事业发展，全省各级气象机构经历多次调整，管理体制和事业结构适应不同时期国情更趋合理和优化。从建局初的 3 个气象台 7 个气象站 136 人，发展到今天的 86 个气象台站 2795 人。

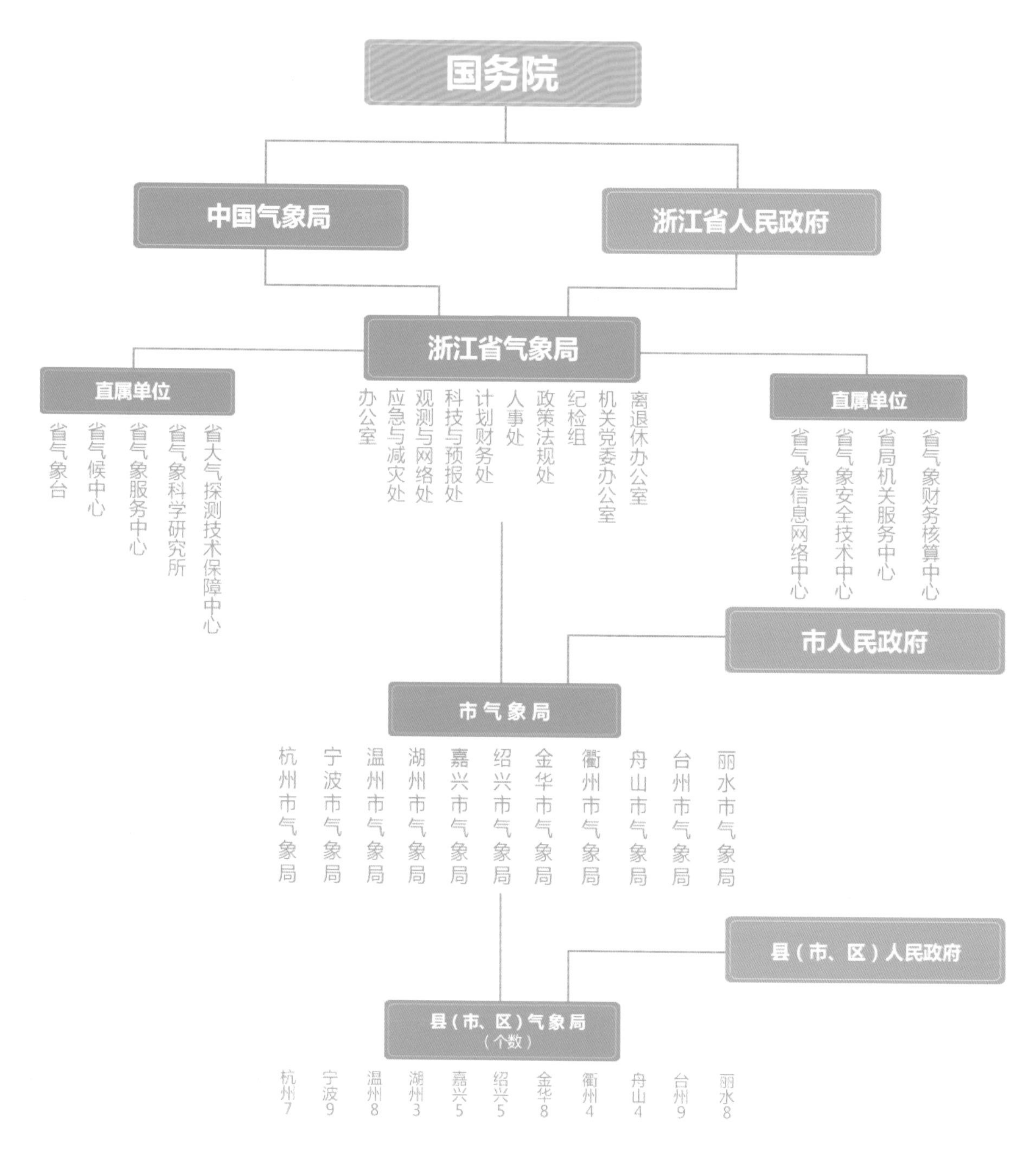

双重领导管理体制示意图

▶ 管理体制

中华人民共和国成立后至 1953 年 7 月，浙江气象台站属军队建制。1953 年 8 月 1 日，由毛泽东主席、周恩来总理联合签署中央军委与政务院的命令：“关于各级气象机构转移建制领导关系的决定”，原属省军区建制的气象科从 1953 年 8 月起改隶于省人民政府。

浙江省军区司令部气象科和杭州气象台全体人员转建合影

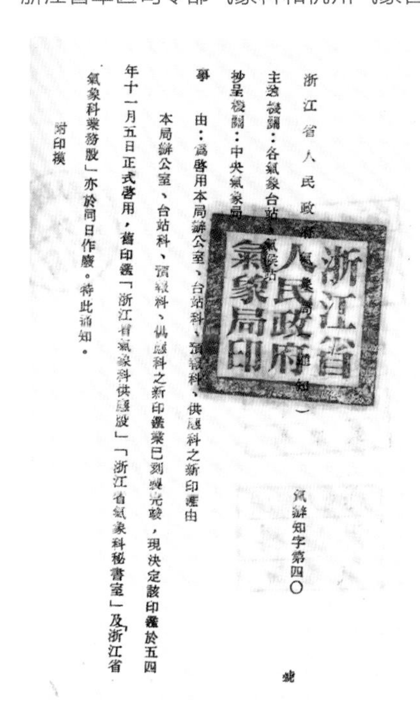

浙江省人民政府氣象局通知（　）　氣辦知字第四〇　號

主送機關：各氣象台站、氣候站

抄呈機關：中央氣象局

事　由：為啟用本局辦公室、台站科、預報科、供應科之新印鑑由

本局辦公室、台站科、預報科、供應科之新印鑑業已刻製完竣，現決定該印鑑於五四年十一月五日正式啟用，舊印鑑「浙江省氣象科供應股」「浙江省氣象科秘書室」及「浙江省氣象科業務股」亦於同日作廢。特此通知。

附印模

浙江省人民政府氣象局印

转建后启用新印

1953 年 12 月 20 日，全省首届台站工作会议召开

1951—2019年浙江省气象局历届主要负责人一览表

李瑞祥
1951.9.16—1956.4

季 敏
1958.7.5—1969.7.23

亓汉三
1978.1.30—1983.12.26

潘云仙
1983.12.26—1997.12.25

席国耀
1997.12.25—2002.6.10

王守荣
2002.6.10—2004.12.17

李玉柱
2004.12.17—2008.10.13

黎健
2008.10.13—2016.9.23

苗长明
2016.9.23—

依据 1992 年《国务院关于进一步加强气象工作的通知》及 2000 年实施的《气象法》，全省各级政府加强对气象工作的领导和协调，把气象工作列入当地国民经济发展计划和财政预算，进一步完善了双重管理体制。同时，逐步理顺机关和事业单位的关系，全省气象部门逐步形成以气象行政管理、基本气象系统、气象科技服务与产业“三大块”新结构。

各个时期由省政府组织召开的全省气象工作会议

党的十七大后，全省气象部门以强化社会管理和公共服务职能为重点进行气象机构调整。党的十八大以来，地方气象与国家气象协调发展的财政保障机制进一步完善，全省公共财政保障率逐年提高，并保持稳定。

2009 年 3 月 31 日，浙江省气象服务中心正式挂牌成立，标志着浙江省现代气象服务体系建设迈出坚实步伐

2007 年 3 月 7 日，举行浙江省气象局灾害监测预警评估中心挂牌仪式

▶ 省部共建气象现代化

自 2010 年浙江省政府与中国气象局首次签署合作协议以来，双方集聚中央和地方的资源和力量，加大政策、资金、技术、人才等方面的支持力度，以省气象防灾减灾中心建设等五项重点工作为抓手，合力推进气象防灾减灾能力建设。9 年来，浙江气象事业发展体制机制不断加强，气象现代化发展水平快速提升，气象服务经济社会发展成效显现。

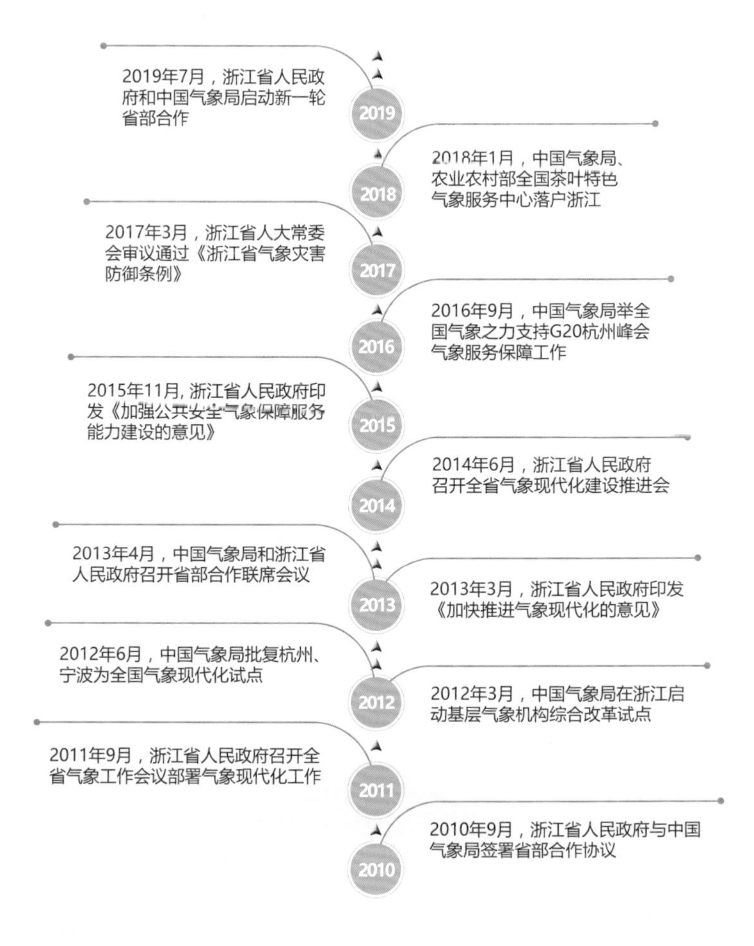

坚持“五个注重”，明确气象现代化目标和指标体系

任务确立	组织推进	目标设定	工作驱动	建设管理
需求牵引 服务引领	政府主导 各方参与	让百姓切 身感受到	发挥科技 人才作用	统筹集约 科学规划

2013 年 4 月，中国气象局和浙江省政府召开省部合作联席会议，共同推动浙江气象现代化发展

2014 年 6 月 26 日，浙江省政府专题召开气象现代化推进会。浙江省副省长黄旭明作讲话

2013 年 7 月 4 日，浙江省政府召开“推进浙江气象现代化建设”新闻发布会，通报全省推进气象现代化建设有关情况

浙江日報

我省发布气象现代化年度评估报告

云卷云舒，“天意”也能测

每年开展气象现代化发展水平评估，并在媒体上进行宣传

▶ 地方支持气象

2018 年 7 月 21 日，杭州市市长徐立毅在气象局视察工作

2017 年 6 月 26 日，宁波市委副书记、市长裘东耀调研指导宁波气象工作

2019 年 5 月 3 日，温州市委书记陈伟俊率有关部门到温州市气象局调研

2017 年 6 月 23 日，嘉兴市委副书记孙贤龙到市气象局检查指导汛期气象工作

2019 年 7 月 26 日，绍兴市市长盛阅春向中国气象局局长刘雅鸣介绍气象博物馆建设工作

2019 年 3 月 27 日，衢州市副市长吕跃龙考察浙西防灾减灾中心

▶ 基本建设成果

即将启用的浙江省气象防灾减灾科技大楼

20 世纪 50 年代浙江省军区气象科、省气象台旧址

20 世纪 80 年代中期启用的省气象科技大楼

1995 年建成的浙江省气象局办公楼

1959—1972 年，温州、金华、宁波、嘉兴、舟山、台州、绍兴、杭州、丽水先后成立了专区气象局，改革开放后到 21 世纪，经过多年建设，全省各级气象局面貌发生了翻天覆地的变化。

杭州市气象局

宁波市气象局

温州市气象局

嘉兴市气象局

绍兴市气象局

衢州市气象局

湖州长兴县气象局

金华武义县气象局

舟山普陀区气象局

台州仙居县气象局

丽水龙泉县气象局

▶ 改革发展

聚焦全省气象服务保障能力提升，全面深化改革，特别是基层综合改革，激发浙江气象创新活力。

2012 年 2 月 17 日，浙江省气象局召开现代化建设和基层综合改革研讨会

2012 年 10 月 19 日，中国气象局召开浙江率先基本实现气象现代化试点及基层气象机构综合改革进展情况汇报会

2000 年丽水地区气象局更名为丽水市气象局

2014 年金华市气象局金东分局成立

2018 年宁波市海曙区气象局成立

2015 年，召开浙江省基层发展改革试点研讨会

浙江省气象局根据国务院、中国气象局、省委省政府深化“放管服”改革要求，取消、下放行政审批事项，清理规范中介服务事项，做到简政放权、放管结合、优化服务。

2016 年，副省长黄旭明主持召开防雷改革专题协调会

2017 年，省气象局牵头，11 部门参加，召开省建设工程防雷管理协调会议

2018 年，在衢州召开全省气象“放管服”改革现场推进会

深化气象政务“最多跑一次”改革，梳理出气象政务办事 14 项“最多跑一次”改革事项清单，纳入省政府改革清单管理。实现优化流程和部门间数据共享，减少了办理环节、减少提交材料和办理时间。

气象系统“最多跑一次”事项目录

办理层级	群众和企业到政府办理事项名称（主项）
省级	除电力、通信以外的防雷装置检测单位资质认定（许可-00012-000） 除大气本底站、国家基准气候站、基本气象站以外的气象台站迁建审批（许可-00964-000） 新建、扩建、改建建设工程避免危害气象台站探测环境审批（许可-00965-000） 气象信息服务单位的备案（其他-00877-000） 其他组织和个人新建气象台站备案（其他-01116-000） 临时气象观测备案（其他-01115-000）
市级 区县级	升放无人驾驶自由气球或者系留气球活动审批（许可-00969-000） 升放无人驾驶自由气球、系留气球单位资质认定（许可-00970-000） 防雷装置设计审核和竣工验收（许可-00967-000） 防雷装置设计审核（许可-00967-001）；防雷装置竣工验收（许可-00967-002） 雷电灾害鉴定（确认-00005-000） 气象信息服务单位建立气象探测站（点）备案（其他-00878-000） 涉外气象探测站（点）备案（其他-00879-000） 气象证明

▶ 改革成果

以防雷审批为切入点，浙江省气象局深化部门联动，与建设、发改等 10 部门联合实施“竣工测验合一”改革，共同建立项目审批管理平台，将涉及气象部门审核的防雷审批项目纳入建设项目“多审合一”和“测验合一”管理平台。

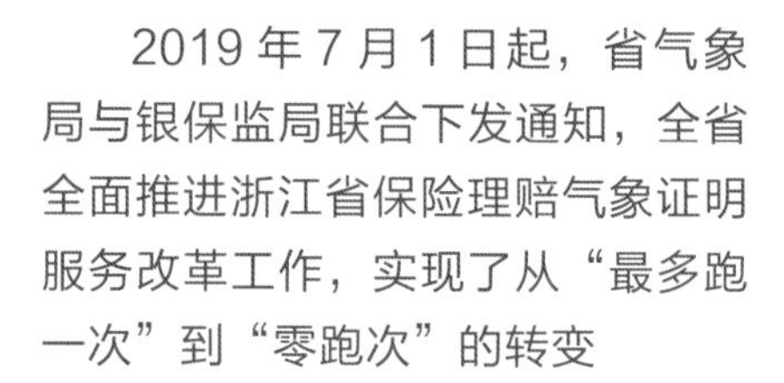
2019 年 7 月 1 日起，省气象局与银保监局联合下发通知，全省全面推进浙江省保险理赔气象证明服务改革工作，实现了从“最多跑一次”到“零跑次”的转变

▶ 综合管理

气象规划、财务、宣传、政务服务等综合管理工作得到稳步发展。

根据省委、省政府和中国气象局要求，浙江省气象局精准抓好扶贫结对帮扶工作，壮大结对村集体经济，提高低收入农户收入；抓好援疆援藏援青等援建工作，为新疆阿克苏、西藏那曲以及青海格尔木地区气象工作提供多方面援助。

2005 年 1 月，西藏那曲气象局来浙江省气象局调研工作

2018 年 11 月 28 日浙江省气象局领导到定点扶贫村永嘉县乌龙川村调研

2018 年 10 月，省气象局领导赴阿克苏调研对接援疆工作，图为查看驻村工作组工作情况

2016 年 12 月，湖州市气象局援疆人员被授予“市优秀援疆人才”荣誉称号并嘉奖

2017 年 5 月 25 日，省气象局领导走访慰问省气象局结对帮扶点屿头乡，并与屿头乡干部群众亲切交谈

法制建设

浙江省气象局认真贯彻实施《中华人民共和国气象法》等相关法律法规以及国务院气象主管机构颁发的规章、规范性文件等，根据工作需要制定配套地方性法规、规章和规范性文件，地方气象法规体系逐步完善。

1995 年，浙江气象部门召开《中华人民共和国气象条例》发布实施座谈会

2001 年 2 月 26 日，浙江省第一部气象政府规章——《浙江省实施〈中华人民共和国气象法〉办法》颁布

2011 年 10 月 26 日，《浙江省气象灾害防御办法（草案）》立法听证会

2007 年 11 月 23 日，浙江省第一部地方性气象法规《浙江省气象条例》颁布

立法建设

2007 年 9 月 27 日，浙江省人大常委会审议《浙江省气象条例 》

2017 年 6 月 29 日，浙江召开宣传贯彻《浙江省气象灾害防御条例》座谈会

地方性气象法规、规章

法规

名称	颁布时间	修订时间
浙江省气象条例	2007.11.23	
宁波市气象灾害防御条例	2009.11.27	2018.07.27
浙江省气象灾害防御条例	2017.03.30	
宁波市气候资源开发利用和保护条例	2017.06.09	

规章

名称	颁布时间	修订时间
宁波市防御雷电灾害管理办法	2002.03.20	2007.01.01
浙江省雷电灾害防御和应急办法	2005.03.15	2008.07.08 2018.01.22
杭州市气象灾害防御办法	2008.12.29	
浙江省气象灾害防御办法（2017.07.01废止）	2012.01.21	
宁波市气象灾害预警信号发布与传播管理办法	2005.07.27	2016.01.11
杭州市突发气象灾害预警信号发布与传播管理办法	2005.07.06	

规范性文件

1980—2018年

浙江省政府制定的气象工作规范性文件	26个
浙江省气象主管机构会同有关部门制定的规范性文件	17个
浙江省气象主管机构制定的规范性文件	45个

截至 2018 年，全省共颁布地方性法规 4 部，政府规章 6 部，设区市地方政府令 18 部

▶ 依法行政

1984 年，浙江省气象局首次提出要在全省气象部门中推进依法行政工作。2007 年 3 月，省气象局成立依法行政工作领导小组及其办公室，建立健全了气象法制工作机构，组织执法培训，全面推进依法行政工作的格局初步形成。

自 2003 年起，全省各地陆续成立行政执法支队

自 2007 年起，浙江省气象局定期举办全省行政执法人员培训、组织案卷评查工作

▶ 现场执法

依法制止和查处在气象探测环境保护、天气预报传播、防雷减灾、施放气球等方面的违法行为。

2004 年，气象行政执法人员对违规施放气球开展现场执法

2015 年，嘉兴市气象局执法支队在东方特钢开展影像执法

2018 年，气象执法人员对浙江人唐国际江山新城热电有限责任公司进行防雷安全检查

普法宣传

浙江省气象局积极组织开展自 1986 年以来的“一五”到“七五”的七个阶段普法宣传工作，累计发放各类普法材料超过 10 万份。

2000 年，浙江省气象局举办《中华人民共和国气象法》知识竞赛

2000 年 3 月 23 日，浙江省气象局开展气象法宣传活动

2012 年 11 月 28 日省气象局和省法制办联合召开浙江省宣传贯彻《气象设施和气象探测环境保护条例》座谈会

2014 年，台州市气象局开展国家宪法日暨全国法制宣传日活动

▶ 气象标准化

浙江省气象部门主持完成并发布行业标准和地方标准 17 项，参与起草并发布的国家标准 2 项。基本形成“归口管理、分工负责、共同推进”的气象标准化工作格局。

2012 年 11 月 19 日，浙江省气象标准化技术委员会成立大会在杭召开

2018 年 7 月 4 日，浙江省气象标准化技术委员会换届大会暨第二届第一次会议

浙江省气象部门标准项目制定情况汇总表

标准类型	项目名称	编号
国标	气象探测环境保护规范地面气象观测站	GB31221-2014
	气象探测环境保护规范大气本地站	GB31224-2014
行标	杨梅冻害等级	QX/T198-2013
	临近天气预报检验	QX/T204-2013
	农业气象观测规范 柑橘	QX/T 298-2015
	气象台(站)防雷技术规范（修订）	QX 4/2015
	15个时段年最大降水量数据文件格式	QX/T286-2015
	防雷装置检测质量考核通则	QX/T 317-2016
	雷电灾害调查技术规范（修订）	QX/T 103-2017
	雷电防护装置检测专业技术人员职业能力评价	QX/T 407-2017
	茶树霜冻害等级	QX/T 410-2017
	茶叶气候品质评价	QX/T 411-2017
	县域气象灾害监测预警体系建设指南	QX/T 440-2018
	农产品气候品质认证技术规范	QX/T 486-2019
省地标	雷电灾害调查与鉴定技术规范	DB33/T 778-2010(2016)
	暴雨过程危险性等级评估技术规范	DB33/T 2025-2017
	乡村气象防灾减灾建设规范	DB33/T 2016-2016
	茶树高温热害等级	DB33/T 2034-2017

党建与精神文明建设篇

浙江省气象部门坚定不移地执行党的路线、方针、政策，紧紧围绕机关党委“服务中心、建设队伍、服务群众”的职责任务，不断加强党的建设和党风廉政建设。按照党中央全面从严治党要求，积极推进“两个责任”落实，持之以恒贯彻落实中央八项规定精神，通过打造“清廉浙江气象”，建立健全一系列规章制度，组织开展党组巡察、审计和纪检体制改革工作，严肃监督执纪问责，党风廉政建设和反腐败工作全面落实，为事业发展提供有力政治保障。多年来，全省气象部门涌现出一大批先进典型，准确、及时、创新、奉献的气象人精神，已在全省气象人中深深地扎下了根。

党的建设

浙江省气象部门各级党组织通过完善“三会一课”、主题党日等组织生活制度，积极推进党支部标准化建设。深入推进“三讲”“党的群众路线教育实践活动”“三严三实”“两学一做”“不忘初心、牢记使命”等党内主题教育，提升党员队伍素质，增强战斗力。强化党建“红心”引领业务“匠心”理念，实现了县局党组全覆盖，不断克服党建与业务“两张皮”现象，将党建深度融合到日常业务服务管理工作中，形成互促互进。

2017 年 7 月 20 日，全省气象部门处级以上领导干部重温入党誓言

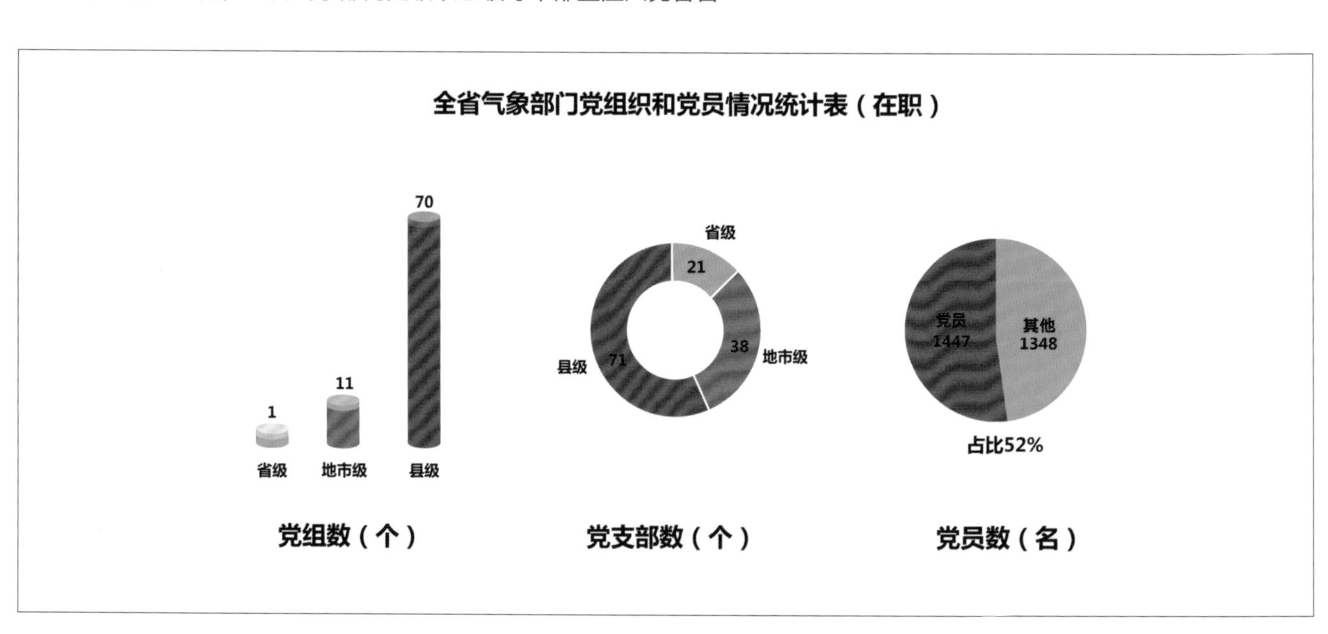

▶ 理论学习

“不忘初心、牢记使命”主题教育

群众路线教育实践活动民主生活会

“三严三实”专题教育学习会

“两学一做”主题教育

十一大精神专题学习会

十八大精神专题学习会

十九大精神专题学习会

2019 年 7 月，省气象局党组书记作“不忘初心、牢记使命”主题教育专题党课

2019 年 7 月 24 日，省气象局处级以上干部和支部委员参加主题教育理论知识闭卷测试

2019 年 6 月，省气象局举办党务干部培训班暨处级干部主题教育专题培训班

2019 年 6 月，组织参加省直机关“新时代 · 大学习”党史党务知识竞赛

三会一课

2019 年 6 月，省气象局机关党委书记为党务干部上党课

开展“三会一课”等组织生活，积极推进支部规范化标准化建设

▶ 主题党日活动

2019 年 6 月，浙江省气象局党务干部赴浙江革命烈士纪念馆开展不忘初心之行

2015 年 7 月，省气象局机关党委组织新党员宣誓

2019 年 5 月 22 日，绍兴市气象局党总支组织赴嘉兴南湖开展主题党日活动

2017 年 6 月，湖州市气象局组织全体党员赴安吉余村开展主题党日活动

2018 年 7 月 6 日，丽水市气象局党总支赴云和小顺主题教育基地开展主题党日活动

▶ 支部结对三级联动

自 2018 年以来，浙江省气象局推动开展省市县三级党支部结对联动，由省气象局机关支部牵头，省气象局直属单位支部、市气象局支部、县气象局支部共结对 11 个。省气象局机关和直属单位改进作风，深入基层，了解需求，指导工作，为基层解难题办实事。

党建示范点建设

大力推进党建示范点建设，目前，全省气象部门已建成 14 个党建示范点。湖州德清县气象局“创建党建示范点，提升基层党组织规范化科学化水平”，获 2018 年全省气象部门 18 项创新工作之一。

全省气象部门党建示范点名单

地区	单位	地区	单位
杭州	富阳区气象局	金华	义乌市气象局
杭州	淳安县气象局	衢州	龙游县气象局
宁波	余姚市气象局	舟山	普陀区气象局
温州	苍南县气象局	台州	玉环市气象局
湖州	德清县气象局	丽水	景宁县气象局
嘉兴	嘉善县气象局	省级	服务中心二支部
绍兴	嵊州市气象局	省级	安全中心党支部

党建业务融合

建立党建业务融合工作机制、打造气象服务、防灾减灾、科技创新、气象科普、志愿服务等服务团队，充分发挥党员先锋岗作用，促进党建、业务的深入融合，实现党建业务互促互进。

2019年7月3日，省气象台党支部开展“不忘初心、牢记使命”梅雨期主题党日活动，重点围绕梅汛期暴雨天气中的工作进行深入探讨，努力将党建与业务工作深度融合

中国气象报

China Meteorological News

总第4666期

习近平新时代中国特色社会主义思想
——新时代新作为新篇章

党建“红心”引领业务“匠心”

——浙江气象“党建+业务”双促进共提升

中国气象局机关团委党总支和直属机关团委开展联学联讲活动

讲好气象故事 传承气象精神

守初心 担使命 找差距 抓落实

推动科技人才“走出去”见成效

2019年7月3日,《中国气象报》头版头条报道浙江党建工作

荣誉证书

HONORARY CREDENTIAL

玉环市气象局党支部：

你单位的《三级联动“保供水”》在玉环市机关单位基层党支部主题党日活动优秀案例征集评选活动中荣获“十佳”案例，特发此证，以资鼓励。

中共玉环市直属机关工作委员会

2018年7月

玉环市气象局党支部《三级联动“保供水”》获“十佳”案例奖

省气象服务中心党支部为淳安县气象局制作气象专题宣传片，发展旅游服务

绍兴市气象局建立党员骨干预报员双向蹲点机制，与智能网格业务相结合开展市县相关试点工作

▶ 党风廉政建设

加强党风廉政建设，全面落实党风廉政建设主体责任和监督责任，严肃监督执纪问责，为浙江气象事业发展提供坚强的政治保障。

举办浙江省气象部门领导干部党风廉政建设培训班

每年召开全省气象部门党风廉政建设工作会议

省气象局党组纪检组开展新任领导干部集体廉政谈话

省气象局主要负责人向省纪委专题汇报党风廉政建设工作

▶ 廉政风险防控

强化廉政风险防控，扎紧制度的笼子。

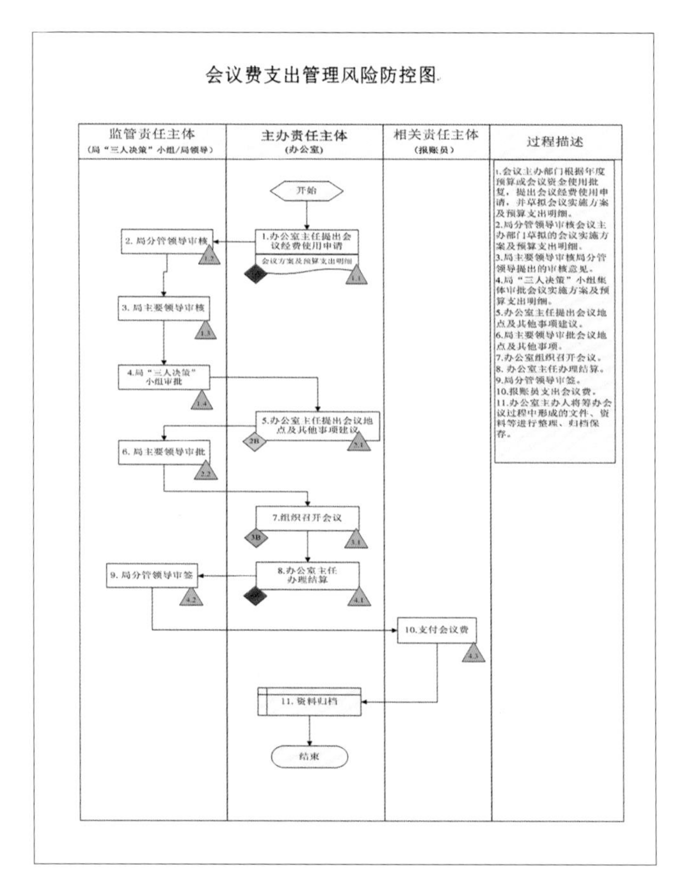

会议费支出管理风险防控图

针对重大项目建设事前开展集体廉政谈话

治理商业贿赂专项工作会议

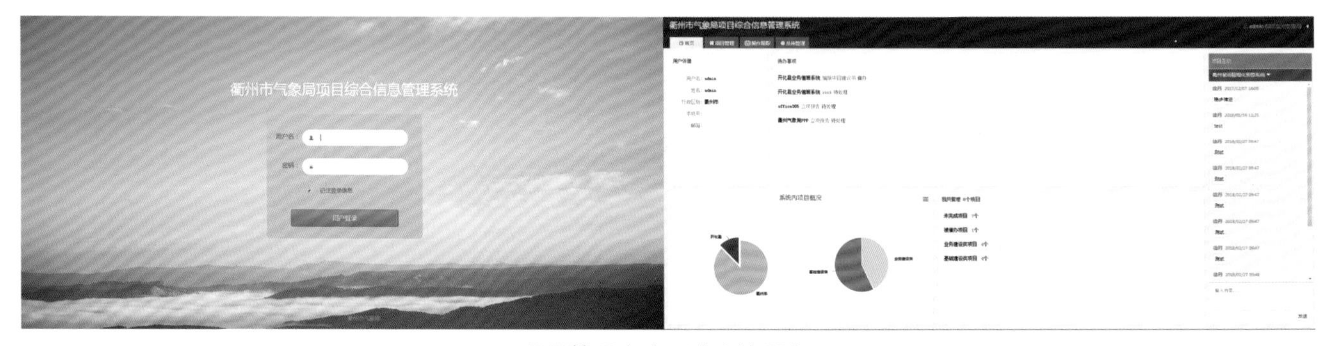

项目管理廉政风险防控平台

▶ 警示教育

浙江省气象局汤卫东案件警示教育报告会

2007 年 4 月 16 日，浙江省气象局举行警示教育报告会

2019 年 7 月 18 日，省气象局组织处级以上领导干部赴省法纪教育基地开展“不忘初心、牢记使命”主题教育

处级以上干部赴浙江省乔司监狱开展现场警示教育

廉政文化

结合气象文化建设，开展形式多样、丰富多彩的廉政文化建设。

廉政小品

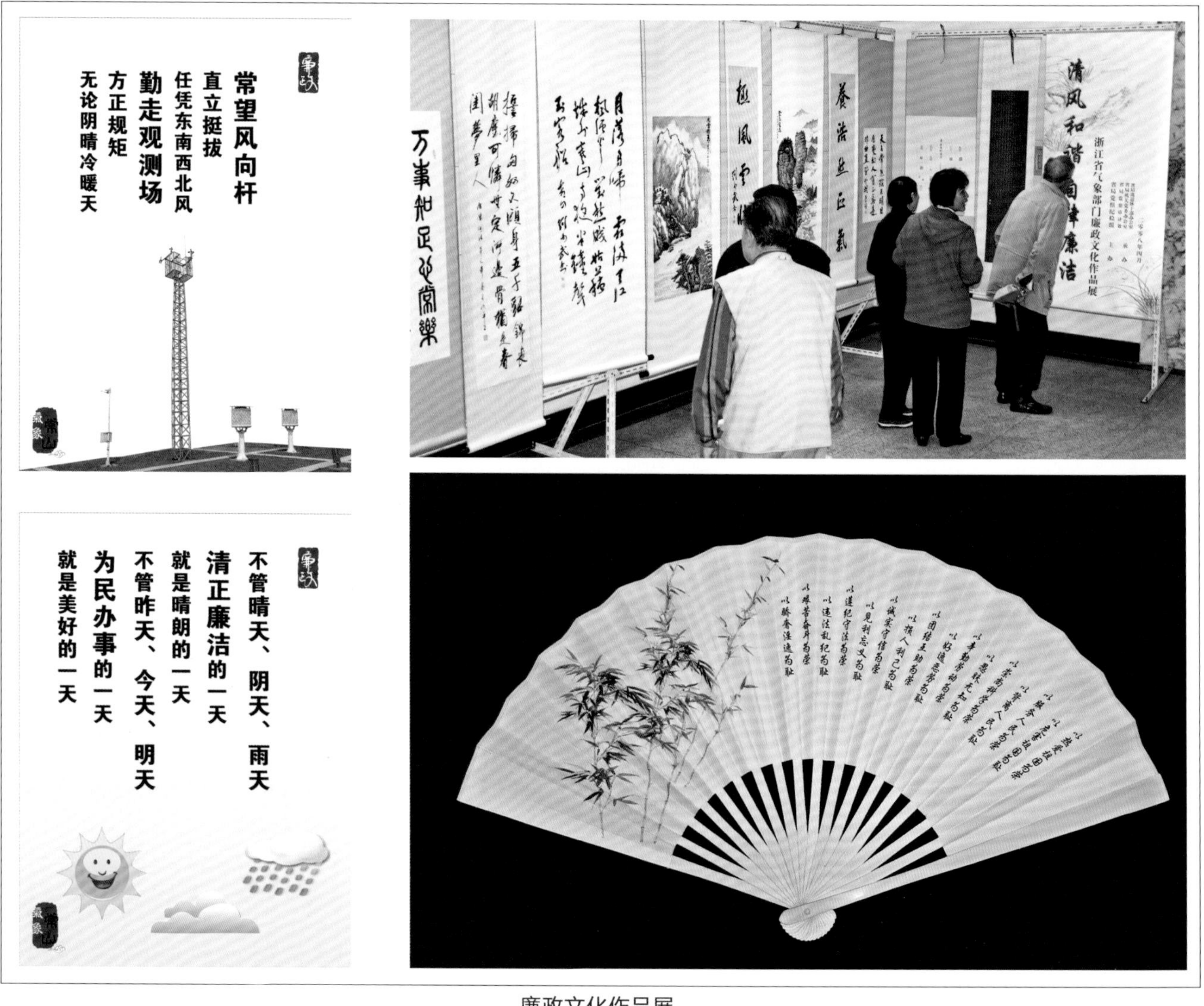

廉政文化作品展

台州大陈气象站开展党员教育活动

精神文明建设

1986年，浙江省气象部门开始创建文明单位，是全省最早开展文明单位创建的部门之一。2002年12月，浙江省气象局被省委、省政府授予首批“浙江省文明行业”并一直保持至今，到2018年，已建成国家级文明单位3个，省级文明单位33个，文明单位创建率达100%。

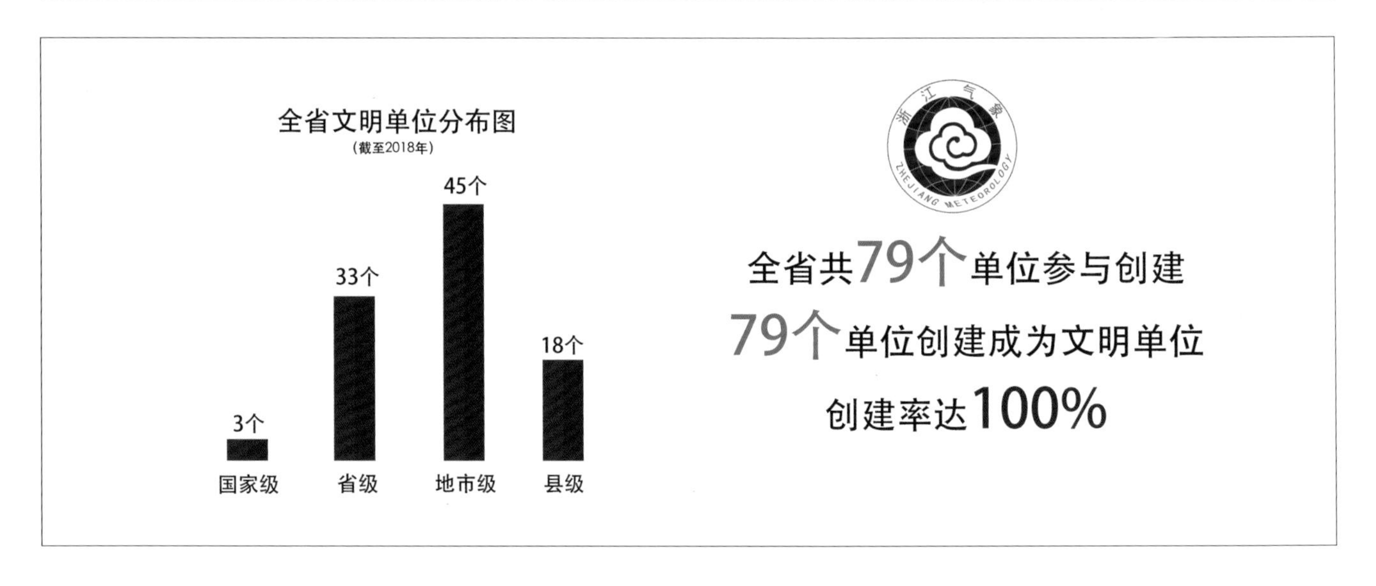

2002年，浙江省气象局被省委、省政府评为“文明行业”

杭州市气象局、德清县气象局等被评为“全国文明单位”

▶ 先进人物

浙江气象部门目前有省部级以上劳动模范40人次，省部级表彰的先进集体25个、先进个人113名。

全国优秀共产党员陈金水

2005 年 3 月，浙江省气象局举行陈金水同志先进事迹报告会

2019 年 8 月，杭州市气象局举行陈金水同志先进事迹交流会

▶ 荣誉榜

浙江省气象局及其所属单位的部分获奖荣誉证书及获奖牌匾

▶ 文体活动

多年来，全省气象部门坚持开展丰富多彩的文体活动，提升团队凝聚力和活力。

浙江省气象部门第二届篮球比赛

参加省直机关韵律操大赛

2018 年组队参加全国气象部门羽毛球比赛

2005 年“浙江气象信息杯”田径比赛

20 世纪 80 年代省气象台郊游活动

篮球比赛的选手们正在奋力拼搏

省气象局工会举办划船活动

1962 年省气象局响应号召组织渡钱塘江

1991 年 6 月庆祝浙江省气象台建台 40 周年

1984 年 10 月浙江气象学校达标运动会

▶ 纪念活动

2019 年 9 月 6 日，省气象局举行新中国成立 70 周年歌咏比赛

2009 年，新中国成立 60 周年全省气象部门文艺汇演

2006 年，浙江省气象局举办庆祝建党 85 周年“气象影视杯”文艺汇演

2011 年 6 月，浙江省气象部门红歌演唱会在红船起航地——嘉兴唱响

▶ 文艺汇演

台州市气象局——《风雨青松》，荣获庆祝建党 85 周年全省气象部门文艺汇演一等奖

志愿者风采

温州市气象局职工参加义务献血活动

绍兴越城区气象局青年职工赴社区开展孤寡老人走访活动

湖州市气象局志愿者扫除道路积雪

富阳区气象局开展出行讲规则骑行宣传活动

省气象局机关退休党员在献血屋担任志愿者

▶ 群团活动

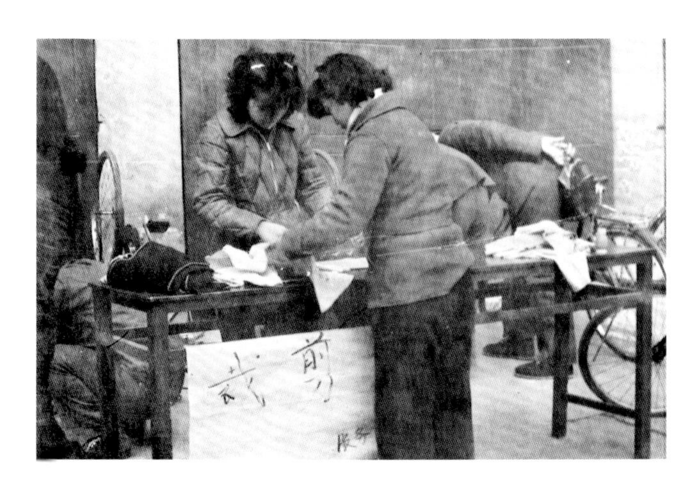
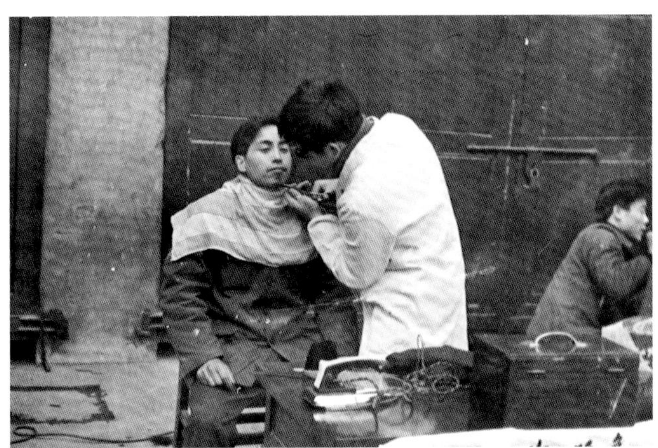

20 世纪 50—60 年代的浙江气象青年开展志愿服务

20 世纪 80 年代团员青年开展的活动

近年来团员青年开展的活动

▶ 气象文化

由浙江文艺出版社出版的书籍《陈金水》

近年参加省直机关主题演讲、讲书比赛多次获一等奖

2015年，温州市气象局拍摄微电影《台风之眼》，讲述气象人精神

2006年，省气象局编排创作的多媒体情景剧《天职》，获省直机关纪念建党85周年文艺汇演一等奖

德清县局气象文化长廊

离退休老干部书画创作

浙江省老科协气象分会获 2017 年全国先进集体奖

2009 年，气象老干部被授予全省退休干部先进个人

离退休老同志积极参加建党 80 周年歌咏会

省气象局机关退休党支部组织开展“两学一做”教育活动

不忘初心、牢记使命。浙江省气象局以习近平新时代中国特色社会主义思想为指导，强化党建“红心”引领业务“匠心”，坚定信仰守初心，立足岗位担使命，以饱满的热情投身到高水平气象现代化建设中去，奋力书写新时代浙江气象事业发展新篇章，为推进浙江“两个高水平”建设提供有力气象服务保障，为气象强国建设贡献浙江力量！